LES RACES BOVINES

AU CONCOURS UNIVERSEL AGRICOLE DE PARIS

EN 1856

LES RACES BOVINES

AU CONCOURS UNIVERSEL AGRICOLE DE PARIS EN 1856

ÉTUDES ZOOTECHNIQUES

PUBLIÉES PAR ORDRE DE S. EXC. LE MINISTRE DE L'AGRICULTURE, DU COMMERCE ET DES TRAVAUX PUBLICS

PAR

M. ÉMILE BAUDEMENT

PROFESSEUR DE ZOOTECHNIE AU CONSERVATOIRE IMPÉRIAL DES ARTS ET MÉTIERS

MEMBRE DE LA SOCIÉTÉ IMPÉRIALE ET CENTRALE D'AGRICULTURE, ETC.

PARIS

IMPRIMERIE IMPÉRIALE

—

M DCCC LXII

1862

RAPPORT

A SON EXCELLENCE M. LE MINISTRE DE L'AGRICULTURE, DU COMMERCE

ET DES TRAVAUX PUBLICS.

Monsieur le Ministre,

Au mois de mai 1856, le Gouvernement impérial ouvrit à Paris le premier concours agricole universel qui ait été tenu en France. Votre éminent prédécesseur pensa qu'il serait utile de saisir cette occasion pour faire reproduire dans un album les meilleurs types d'élevage étrangers.

M. Baudement, professeur de zootechnie au Conservatoire des arts et métiers et membre du jury, fut chargé de cette publication et s'associa d'excellents artistes pour ces reproductions.

En outre, des cartes, spécialement dressées en vue de cet ouvrage, en devinrent une annexe importante.

M. Baudement pensa que ces dessins n'offriraient qu'une étude incomplète, s'ils n'étaient pas accompagnés de notes explicatives sur les diverses races de l'espèce bovine qui s'y trouvaient représentées.

Il rédigea d'abord une notice qui a été imprimée et qui forme l'introduction de l'album.

Mais M. Baudement, désireux de donner à l'œuvre à laquelle il attachait son nom un plus haut degré d'utilité, étendit le champ de ses investigations. Il rechercha, pour chaque race, son origine, ses diverses migrations, ses transformations, ses perfectionnements, les conditions économiques de son élevage, ses croisements, ses aptitudes, ses produits, etc.

Un semblable travail exigeait de très-longues recherches. Malheureusement ce savant et regrettable professeur fut atteint d'une maladie dont le travail a accéléré les progrès. Aussi, M. Baudement n'avait pas encore recueilli ses notes, il n'avait pu aborder la rédaction de son ouvrage, lorsque la mort vint l'enlever à la science.

Les notes de M. Baudement, qui ont été recueillies, ne sont d'ailleurs que des phrases éparses, sans liaison, sans suite, des chiffres incomplets: en un mot, elles n'offrent aucune donnée qui permette de rattacher entre elles les idées de l'auteur.

Ce serait donc tout un travail nouveau à refaire, mais sans l'idée mère qui a présidé à son organisation dès son début.

Aujourd'hui l'Administration possède tous les dessins dont l'album devait se composer, l'introduction, qui fournit des données scientifiques d'une haute portée, ainsi que les cartes; et l'ouvrage peut déjà procurer aux cultivateurs des enseignements fort utiles pour l'élevage et l'utilisation des animaux de l'espèce bovine.

Je pense donc qu'il pourrait être maintenu dans son état actuel, et qu'il serait préférable de le publier, même incomplet, suivant les vues de l'auteur, plutôt que de lui faire donner un complément, qui pourrait ne pas être en harmonie avec les premiers travaux et la pensée de M. Baudement.

En conséquence, j'ai l'honneur de proposer à Votre Excellence de maintenir l'album des races bovines dans l'état où il se trouve à présent et de renoncer à la rédaction des notes descriptives dont M. Baudement avait voulu l'accompagner.

Si Votre Excellence daigne approuver cette proposition, je la prierai de revêtir ce rapport de sa signature.

Veuillez agréer, Monsieur le Ministre, l'expression de mon dévouement respectueux.

Le Directeur de l'Agriculture,

Signé DE MONNY DE MORNAY.

APPROUVÉ :

Paris, le 15 mars 1864.

Le Ministre de l'Agriculture, du Commerce et des Travaux publics,

Signé Armand BÉHIC.

INTRODUCTION.

Les races d'animaux domestiques peuvent être envisagées sous des aspects si divers, le cadre où peut se développer leur histoire a des limites tellement variables, qu'il est nécessaire d'indiquer à quel point de vue précis je me suis placé dans cet ouvrage, quel but j'ai poursuivi, quelle marche j'ai adoptée.

Je n'ai pas choisi d'abord mon point de départ; il m'était donné par la mission même que je recevais d'étudier les races bovines du concours international et de publier le résultat de ces études. Les races sur lesquelles porteraient mes recherches, les individus qui représenteraient chacune d'elles devaient se désigner d'eux-mêmes; la richesse de l'exhibition devait faire la richesse de mon travail. Je n'étais appelé qu'à faire une moisson dans l'histoire de l'espèce bovine, et le champ m'était indiqué. Peu à peu cependant ce champ s'est agrandi; j'ai dû y introduire des races qui n'avaient point envoyé de spécimens à Paris, mais si étroitement liées aux races dont je trouvais les représentants au concours, que je ne pouvais les passer sous silence. De proche en proche, j'ai été conduit ainsi, par les affinités naturelles qui se révélaient successivement, à étendre beaucoup mes limites; elles comprennent l'histoire des races bovines de la plus grande partie de l'Europe. L'avenir viendra peut-être combler les lacunes qui existent encore dans ce tableau, et en compléter l'ensemble.

Je n'ai point entrepris de faire l'historique du groupe si important d'animaux dont les naturalistes ont composé le *genre bœuf*, ni même d'embrasser l'étude entière de l'*espèce* qui nous donne le bœuf domestique. Ce n'est pas que des recherches de cette nature intéressent l'érudition seulement, et qu'il soit inutile à la zootechnie de remonter jusqu'à l'origine des animaux qu'elle exploite, de connaître leur organisation, leurs rapports avec les animaux qui les avoisinent de plus près, leur place dans la création zoologique; de savoir par quelles vicissitudes ils ont passé dans les différentes contrées et chez les différents peuples, quels changements ils ont subis dans les milieux divers, par quelle filiation d'événements ils sont arrivés jusqu'à nous, avec les caractères, les aptitudes, les tendances que nous leur connaissons aujourd'hui. Un tel tableau mettrait en lumière bien des faits qui intéressent la question si difficile de la formation des races; il permettrait d'apprécier le degré d'influence qui appartient aux différentes causes modificatrices, de mesurer la part d'action qui nous revient dans la transformation des animaux domestiques; il donnerait une masse imposante de faits pour base et pour justification à une doctrine sur l'amélioration des races.

Mais ma tâche était pour le moment plus circonscrite; il ne s'agissait pas d'interroger la science et le passé pour produire une œuvre complète sur la matière; il suffisait de constater l'état actuel du bétail dans chaque pays, et de poser de la sorte un terme de comparaison pour l'appréciation des progrès futurs. Je me suis volontiers renfermé dans ce cadre, déjà bien assez vaste pour l'étude.

Je n'ai pas renoncé pour cela à m'enquérir, sinon des causes primitives, au moins des causes les plus prochaines de la situation présente des races; ni à chercher entre les faits le lien scientifique qui leur donne un sens et permet de passer de leur constatation à leur généralisation; ni à justifier, toutes les fois que l'occasion m'en a été offerte, les principes que je considère comme le fondement de tout progrès en zootechnie. Je n'aurais trouvé aucune utilité à tracer des descriptions qui se fussent suivies avec monotonie, en reproduisant une nomenclature plus ou moins uniforme de caractères, et en laissant chaque pays, chaque race, chaque fait isolés.

C'est surtout en me plaçant au point de vue pratique que j'ai cru ne pas devoir m'arrêter à la simple énonciation des détails. La description d'une race ne dit rien de nouveau à ceux qui connaissent la race, elle n'apprend rien à ceux pour qui cette race est inconnue, si elle ne conduit pas à une appréciation de la valeur relative des animaux, en raison de toutes les conditions au milieu desquelles ils naissent, se développent et s'exploitent, si elle ne force pas l'éleveur à faire un retour sur lui-même et à comparer. La théorie de l'application, qui est, pour l'économie du bétail comme pour les autres industries, le but de toute étude sérieuse, ne peut se fonder que si l'on cherche la loi des choses, autant que les données de l'analyse le permettent et que la science y autorise.

Plusieurs parties dans l'ouvrage.
C'est dans cet esprit que j'ai conçu le plan de cet ouvrage; c'est ce but qui lui donne peut-être quelque unité. Voici comment j'en ai entendu l'exécution.

Une première partie est cette *Introduction* même. J'y définis quelques-uns des termes principaux qui se présentent à chaque instant sous la plume dans un travail de cette nature, et qui ont presque tous autant d'acceptions qu'il y a de personnes qui les lisent. La langue zootechnique n'est pas faite, parce que la science zootechnique n'a pas été formulée. J'ai dû faire connaître le sens exact des mots que j'emploie, afin de ne pas laisser prendre le change sur mes idées, alors surtout qu'une revue des races étrangères me forçait à interpréter les pratiques des éleveurs de pays divers. En traduisant ces mots, je suis, d'ailleurs, conduit naturellement à exposer quelques-uns des principes que je crois être la base de l'économie du bétail, et qui découlent directement de l'étude des races.

J'examine aussi, dans cette première partie, la valeur des caractères employés pour la distinction des races. J'essaye de montrer que, pour chacun des services qu'ils nous rendent, les animaux doivent posséder certaines qualités spéciales, dont l'ensemble constitue autant de types distincts que nous reconnaissons de natures de services. Je m'attache à faire voir que c'est seulement en rapprochant chaque race de chacun de ces types, en appréciant jusqu'à quel point elle en réalise les conditions, en mesurant à quelle distance elle se trouve de tel ou tel idéal de perfection, qu'on rend la description des races rationnelle et utile, claire et courte. Je trace ces types pour l'espèce bovine.

J'apprécie ensuite la valeur des divers procédés employés pour modifier les races; je pèse les objections qui ont été soulevées contre chacune des méthodes en présence.

J'indique enfin d'après quel système ont été choisis et figurés les animaux qui représentent chaque race dans l'atlas; je donne, sur l'exécution matérielle, quelques détails qui ne sont pas inutiles pour préciser le caractère de ce travail.

La partie la plus volumineuse, le corps même de l'ouvrage, comprend l'étude des races bovines des Îles Britanniques, de la Belgique, de la Hollande, du Danemark, de la Suisse, de l'Allemagne, de l'Empire d'Autriche, de l'empire de Russie et de la France. Elle présente, pour chaque race, un résumé de son histoire, renfermée dans les limites que j'ai posées plus haut. Elle en donne la caractéristique; elle rattache la race à tel ou tel type, en recherche l'origine, la met en rapport avec le milieu où elle se trouve; elle indique les principales localités où la race se rencontre dans son plus grand état de pureté, celles où elle est utilisée, celles auxquelles elle fournit un approvisionnement en viande.

Je réunis ces races par grandes divisions territoriales, sous les noms des pays qui les possèdent; c'est l'ordre qu'avait adopté le programme du concours de Paris. On conçoit bien d'autres modes de groupement plus logiques, mais qui seraient, en même temps, plus systématiques, et préjugeraient des questions encore à l'étude. D'ailleurs, le rapprochement des races par nations permet de saisir la physionomie particulière de chaque pays producteur, et de fournir, sur la situation générale, sur les tendances de l'économie du bétail, sur la population bovine, sur le commerce des animaux et de leurs produits dans chaque grande contrée, des données statistiques qui nous éclairent par comparaison et ne sont pas indifférentes à nos relations d'intérêts.

Cependant le but réel de toute étude sur les races et de tout concours d'animaux, leur résultat définitif, pour la pratique comme pour la science, c'est d'arriver à un classement des races, qui les échelonne suivant leur valeur dans chaque genre de services et chaque nature de milieu. C'est ainsi seulement que le choix de l'éleveur est éclairé, que ses essais sont guidés, que le terme de ses efforts est prévu. C'est à cette condition seulement que l'enseignement existe.

Aussi j'ai tenté, dans un dernier chapitre, d'apprécier les rapports des races entre elles, de mesurer ce que j'ai appelé leurs *affinités zootechniques*, c'est-à-dire les liens plus ou moins étroits qui les rattachent les unes aux autres, suivant les aptitudes et les caractères qu'elles ont acquis sous la double influence des lois physiologiques et des nécessités économiques. Cette classification des races exigerait sans doute, pour être complète, la combinaison d'autres éléments que ceux dont j'ai disposé; je ne la présente que comme un essai. Elle est le résumé nécessaire de l'ouvrage comme elle en est le complément.

J'entre dans l'exécution de ce plan en expliquant d'abord ce qu'il faut entendre par le mot *race*.

Tous les individus qui se ressemblent entre eux, qui peuvent, par conséquent, être considérés comme issus des mêmes parents, et qui donnent, par leur alliance, des produits indéfiniment féconds, semblables à eux, constituent une *espèce*. Il n'est point d'idée ni de mot qui ait plus préoccupé et partagé les naturalistes. Toute discussion sur ce sujet serait déplacée ici, aussi bien que toute recherche sur l'unité de notre espèce bovine. En réservant toute opinion contraire, il n'y aura, d'ailleurs, aucun inconvénient, pour la suite de ces études, à admettre la notion de l'espèce telle que la présente la définition précédente, et à regarder nos bêtes à cornes domestiques comme dérivant d'une même espèce.

Quand cette commune ressemblance est offerte par des animaux qui se trouvent et se sont toujours trouvés dans des conditions identiques, elle est tellement complète, qu'on n'éprouve ni embarras ni hésitation à se prononcer sur la parenté spécifique des individus liés dans une telle unité. Mais, sous l'influence de causes, variables dans leur nature et leur puissance, ayant précédemment agi ou continuant d'agir encore, des modifications s'accusent dans le groupe, des dissemblances se prononcent.

Si ces dissemblances sont légères, s'arrêtent à l'individu ou restent temporaires, elles ne constituent que de simples *variations*, sans importance au point de vue de la classification naturelle comme au point de vue de la zootechnie. Si elles sont plus marquées, si elles sont propres à une série quelque peu continue d'individus formant lignée, et prennent ainsi un certain degré de fixité, elles donnent des *variétés*. Si enfin elles portent sur l'ensemble de la machine animale, si elles résultent de propriétés et d'aptitudes particulières, et qu'elles se transmettent avec certitude, par voie de *génération*, des parents aux descendants, elles forment des *races*.

Les *races* sont donc des variétés caractérisées et constantes de l'espèce; telle est la définition la plus simple qu'on puisse adopter, si l'on veut mettre le langage de la zootechnie en harmonie avec celui des sciences naturelles. Mais l'idée exacte et complète de la *race* implique, en économie du bétail, une association de caractères et d'aptitudes répondant à certains besoins de la consommation, une valeur précise, un emploi dans un milieu approprié et une immuabilité dans l'ensemble, une certitude dans la transmission des traits distinctifs, qui garantissent contre toute modification sensible tant que les animaux restent dans les mêmes conditions. Les éleveurs sont généralement trop prodigues du nom de race; chaque localité veut avoir sa race, et la plus légère nuance dans la robe suffit le plus ordinairement pour appuyer cette prétention. Au point de vue pratique, la race, pour mériter ce nom, doit s'élever, pour ainsi dire, à la hauteur d'une *espèce zootechnique*. Cette manière de voir se justifie par le rôle même des animaux domestiques dans l'économie rurale.

Pour la zootechnie les animaux domestiques sont des machines, non pas dans l'acception figurée du mot, mais dans son acception la plus rigoureuse, telle que l'admettent la mécanique et l'industrie. Ce sont des machines au même titre que les locomotives de nos chemins de fer, les appareils de nos usines où l'on distille, où l'on fabrique du sucre, de la fécule, où l'on tisse, où l'on moud, où l'on transforme une matière quelconque. Ce sont des machines donnant des services et des produits.

Les animaux mangent : ce sont des machines qui consomment, qui brûlent une certaine quantité de combustible d'une certaine nature. Ils se meuvent : ce sont des machines en mouvement, obéissant aux lois de la mécanique. Ils donnent du lait, de la viande, de la force : ce sont des machines fournissant un rendement pour une certaine dépense.

Ces machines animales sont construites sur un certain plan; elles sont composées d'éléments déterminés, d'*organes*, comme le disent ensemble l'anatomie et la mécanique. Toutes leurs parties ont un certain agencement, conservent entre elles certains rapports et fonctionnent en vertu de certaines lois, pour donner un certain travail utile.

L'activité de ces machines constitue leur *vie* propre, que la physiologie résume en quatre grandes fonctions : la nutrition, la reproduction, la sensibilité et la locomotion. Ce fonctionnement, qui caractérise la vie, est aussi la condition de notre exploitation zootechnique, l'occasion de dépenses et de rendements, que nous devons balancer de manière à atténuer les prix de revient pour accroître les profits.

Mais ces admirables machines ont été créées par des mains plus puissantes que les nôtres; nous n'avons pas été appelés à régler les conditions de leur existence et de leur marche, et, pour les conduire, les multiplier, les modifier, nous devons d'abord les connaître, sous peine de les détruire, et de laisser prendre dans le jeu fatal de leurs engrenages nos peines, notre temps, nos capitaux. Mieux nous connaissons la construction de ces machines, les lois de leur fonctionnement, leurs exigences et leurs ressources, plus nous pouvons nous engager avec sécurité et avantage dans leur exploitation.

La base de toute étude, comme aussi celle de toute pratique en économie du bétail, de toute pratique sérieuse et lucrative, est donc dans la *physiologie*. Qu'il l'ait cherché, ou qu'il l'ait rencontré par intuition ou par hasard, l'éleveur qui trouve le succès a été l'observateur exact des lois physiologiques; l'ignorance de ces lois conduit aux erreurs économiques, leur violation est punie par les pertes industrielles. Le but de la zootechnie, si elle veut devenir la théorie de l'application, doit être de donner la physiologie pour fondement à l'économie, et de fournir ainsi des renseignements précis à l'agriculture, à laquelle elle emprunte ses moyens d'action.

De ce point de vue industriel, le seul où la zootechnie trouve sa véritable place, l'étude des races se montre, moins comme la constatation des variétés d'une espèce zoologique, que comme l'appréciation de machines diverses, d'après les données de la physiologie ; cette appréciation doit conduire à la comparaison des races, et la comparaison à leur classification d'après leur valeur.

Trois sortes de services distincts peuvent être rendus par l'espèce bovine.

Or, dans les races bovines, les seules qui nous occupent ici, trois grandes aptitudes peuvent être développées et constituer trois sortes de machines vivantes, répondant à trois natures de services : l'aptitude à l'engraissement, l'aptitude à la production du lait, et l'aptitude au travail. Quel est l'ensemble de conditions qui caractérise la machine animale la plus complète pour chacun de ces emplois ; quel est le *type* de la perfection pour chacun de ces trois buts divers ? Voilà la première question à résoudre, le premier jalon à poser, avant de s'engager dans la description de chaque race en particulier. Cette description ne sera ensuite autre chose que la confrontation de chaque race avec chacun des trois types préalablement dessinés, pour mesurer jusqu'à quel point sont réalisées les qualités de l'un et de l'autre, jusqu'à quel degré la race est laitière, travailleuse, ou bonne pour l'engraissement. Sans doute les renseignements précis, les expériences rigoureuses et comparatives manqueront encore trop souvent pour que cette étude puisse être complète dès aujourd'hui ; mais, je l'ai déjà dit, le but est ici de constater l'état actuel, et d'indiquer du même coup où nous en sommes et ce qui nous manque.

De quelques-uns des dangers.

En prenant ailleurs un point de départ, ou en s'inspirant d'autres idées, on a compris et tracé de bien des manières diverses l'histoire des races bovines.

Races dites naturelles et artificielles.

Quelques écrivains ont admis, explicitement ou implicitement, la division des races en *naturelles* et *artificielles*, voulant indiquer par là deux sortes de causes sous l'influence desquelles les races prendraient naissance : les unes se produisant exclusivement suivant l'ordre de la nature, les autres imaginées et combinées par l'homme. Cette distinction a eu le plus souvent pour but d'opposer les races dites *naturelles* aux races artificielles, et d'établir la supériorité des premières sur les secondes.

En réalité il n'y a qu'une seule espèce de causes modificatrices agissant sur les animaux : les causes naturelles. Seulement ces causes peuvent avoir leur plein effet en dehors de toute intervention de l'homme, ou bien elles peuvent être surveillées et dirigées par l'éleveur, qui préside à leur action en vue d'un résultat prévu et cherché. Plus ou moins éclairée et continue, cette intervention de l'homme a toujours eu lieu dans la production des races, depuis l'origine des temps historiques, depuis la période la plus pastorale jusqu'aux perfectionnements de l'assolement alterne et de la culture industrielle. Les animaux domestiques ne se sont jamais rencontrés à l'état de pure nature, et surtout ne s'y rencontrent plus depuis longtemps, à l'exception de ceux qui sont redevenus indépendants, comme les tarpans d'Asie et les alzados d'Amérique. Le cheval arabe, que l'on s'est plu à présenter et à vanter comme l'animal de la nature, ne justifie pas plus cette qualification que ne le ferait son antagoniste, le cheval anglais de pur sang ; l'un et l'autre sont le produit de l'industrie de l'homme, plus ou moins simple ou coûteuse dans ses procédés : la seule différence entre eux, c'est qu'ils n'appartiennent pas à la même civilisation. On en peut dire autant de la race électorale des moutons mérinos comparée à la race africaine des moutons de Tébessa, du bœuf Durham comparé au bœuf hongrois.

Il y a plus, les races les plus parfaites, et les seules parfaites, sont précisément celles qui se sont façonnées entre les mains de l'homme, qui ont été par lui appropriées à un milieu déterminé, qui ont pris des qualités en rapport avec les besoins, avec les demandes de la consommation. Et, dans ce travail qui constitue l'amélioration des races, l'homme ne s'est pas soustrait aux causes naturelles, il n'a pas imaginé d'influences artificielles : car il ne saurait inventer de forces nouvelles, ni échapper à celles qui existent. Il a, bien au contraire, observé scrupuleusement les lois de la nature, mais il en a choisi et mesuré les effets, en laissant les unes prédominer, en subordonnant les autres, dans les limites posées à sa puissance par les lois mêmes de la nature.

Ces lois sont les lois physiologiques, celles qui président au développement et à la vie des animaux. Les modifications que peut subir l'espèce dans les conditions normales ne portent, en effet, ni sur le nombre des éléments des machines vivantes, ni sur leur agencement, ni sur leur forme propre, ni sur la nature et l'emploi de leurs matériaux constitutifs ; en un mot elles ne sont point anatomiques, elles sont purement physiologiques. Non pas que la voie générale du développement et du fonctionnement de ces machines se puisse changer : il ne se produit, en réalité, que des différences dans l'intensité des phénomènes aux diverses phases de la vie des animaux ; mais ces différences amènent des changements importants dans les dimensions des parties, dans leurs proportions relatives, dans la densité des tissus, dans les habitudes fonctionnelles, dans ce qu'on appelle le tempérament, c'est-à-dire dans la puissance, dans la perfection, dans la subordination des fonctions.

Comparées entre elles, les influences qui produisent ces modifications ne sont pas toutes également énergiques ; elles n'agissent pas toutes sur toutes les parties de la machine ; chacune d'elles, prise à part, subit même des variations dans son action spéciale, en raison des circonstances qui accompagnent sa manifestation ; mais toutes sont *naturelles*, et ne sauraient être autres. Vouloir étudier ici chacune de ces influences en détail, ou seulement en rappeler le rôle, ce serait entreprendre de formuler la doctrine entière de la zootechnie. Il suffira à notre but de les distinguer en deux groupes : celles qui se rapportent à la *nutrition*, en donnant à ce mot son sens physiologique, et celles qui se rattachent à la *reproduction*.

Les causes dont l'action porte sur les phénomènes de nutrition sont toutes celles qui modifient l'activité vitale. On croit généralement les réunir et les caractériser par le nom d'influences du *milieu*. Ce mot, quelque large acception qu'on lui donne, et dût-on lui faire comprendre les impressions morales aussi bien que toutes les actions exercées du dehors sur l'être vivant, ne représente que les influences du monde extérieur sur l'animal. Ces influences sont puissantes, sans doute, mais elles ne sont pas les seules qui déterminent des modifications dans l'intensité ou la nature des phénomènes de nutrition. Il y a des causes intimes, dont l'origine est dans l'essence même de l'organisme, et qui font varier l'activité vitale, c'est-à-dire les besoins de l'économie avec l'aptitude à les satisfaire. C'est ainsi que ces besoins et ces aptitudes changent avec l'âge, avec le sexe, avec le tempérament. Elles changent, en outre, avec certaines conditions et situations qui sont faites à l'animal, et qui peuvent devenir des habitudes, comme le repos ou l'exercice musculaire, etc.

Pour tenir compte de toutes les causes capables de modifier l'activité de l'organisme, en changeant la direction et les résultats de la nutrition, capables, par suite, de donner naissance aux races, il faut donc en reconnaître de trois sortes : les impressions du monde extérieur sur l'économie ; les dispositions physiologiques variables selon les périodes de la vie, selon le sexe, selon la constitution, selon tout ce qui caractérise l'état individuel ; et les influences de situations, d'actions, d'habitudes.

Des auteurs ont cru pouvoir rapporter toutes les modifications que la machine animale est susceptible de subir, à une seule cause, l'*aliment*, en comprenant sous ce nom tous les éléments que fournissent au travail vital l'air que l'animal respire, l'eau qu'il boit, la ration qu'il consomme.

Ils ont considéré que les influences extérieures, que le climat, résultat complexe d'une foule de conditions variables, agissent essentiellement sur les animaux par leur action sur la végétation, et que leur action directe est peu de chose. C'est là une vue incomplète et inexacte en partie. La température, la lumière, l'humidité, etc. ont, par elles-mêmes, une influence sur l'activité vitale; elles l'accélèrent ou la ralentissent, lui impriment telle ou telle direction. Dans les contrées un peu froides, par exemple, la respiration est plus énergique, l'appétit est plus éveillé que dans les contrées chaudes; la machine animale se trouve, par le seul fait des impressions atmosphériques, dans une disposition particulière. Cette disposition, combinée avec les tendances actuelles de l'animal et avec les influences qui naissent de la situation qui lui est faite, concourt à constituer un ensemble physiologique dont les besoins et la puissance se trouvent définis. L'aliment intervient alors; la machine l'utilise conformément aux conditions présentes de son fonctionnement, et il devient, à son tour, cause modificatrice en raison de sa nature, de sa qualité, de son volume, de son abondance, de sa constance. L'aliment a donc un rôle incontestablement immense; mais, outre qu'il ne résume pas en lui toutes les influences du monde extérieur sur l'animal, il n'est pas originairement le point de départ des actions et réactions que sa présence amène ensuite. Insister sur la puissance de l'aliment, c'est appeler avec raison l'attention de la pratique sur la nécessité de se procurer à discrétion la matière première que les machines animales mettent en œuvre; mais il ne faut pas oublier, pour cela, que l'emploi de cette matière première est physiologiquement sous la dépendance des machines qui se l'approprient, et qu'en dehors de l'aliment, et avant lui, des influences modificatrices ont préparé ces machines à un fonctionnement spécial. Cela revient à

dire que, pour obtenir des modifications à l'aide de l'aliment, il faut préalablement impressionner les animaux, ou diriger leurs tendances naturelles ou acquises dans le sens où l'on veut que les modifications se produisent. Avant d'administrer l'aliment, il faut avoir réglé le travail de la machine, avoir combiné, dans un but bien indiqué, toutes les influences physiologiques concordantes, ce que j'ai appelé ailleurs les *conditions statiques* de chacune de nos opérations zootechniques. L'aliment ne rend qu'en raison de cette harmonie préétablie.

Quant aux modifications dont la reproduction est l'agent, elles dépendent de toutes les causes qui font varier la valeur des animaux accouplés, et ne sont, en dernière analyse, que la transmission, l'énumération des modifications individuelles subies par les reproducteurs, puis continuant de se manifester de génération en génération, plus ou moins semblablement à elles-mêmes. J'aurai plus loin l'occasion de rappeler le rôle des reproducteurs sous l'influence des lois d'hérédité; mais, puisqu'il s'agit ici de l'action des causes qui donnent naissance aux races, il n'est pas hors de propos d'indiquer comment s'accomplit la reproduction parmi les animaux qui sont indépendants de l'homme, par opposition à ce qui se passe le plus ordinairement en domesticité. C'est là une condition biologique qu'on a toujours négligé de compter parmi celles qui peuvent amener des changements dans les races, pour ne s'attacher qu'aux résultats dus aux influences extérieures et à l'alimentation.

Comment l'acte de la reproduction est-il réglé dans l'état de nature? À des époques précises, le mâle et la femelle sentent s'éveiller en eux l'instinct de la génération, en même temps que s'accomplit, dans leurs organes spéciaux, le travail qui les rend aptes à se reproduire. Les individus les plus forts se trouvent les premiers prêts à remplir cette fonction, et c'est entre eux que l'accouplement a lieu. Souvent aussi, entre les mâles d'une même région ou d'une même troupe, des combats terribles s'engagent, d'où le mâle le plus vigoureux sort vainqueur, et ce vainqueur, ainsi désigné par la force, trouve ou rend dociles les femelles qui sont le mieux préparées à l'accouplement. On comprend que ces reproducteurs ainsi doués impriment leur cachet au produit, et lui communiquent en germe toutes les qualités qui le rendront plus tard vainqueur à son tour. Or, comme les mêmes phénomènes se multiplient et se renouvellent à chaque génération dans le même ordre, comme les animaux restent toujours soumis aux mêmes conditions de milieu, comme les reproducteurs transmettent à leurs produits tout ce qu'ils ont et tout ce qu'ils sont, on comprend aussi que les animaux d'un même groupe prennent rapidement les mêmes caractères, les mêmes aptitudes, une ressemblance presque absolue. Les animaux domestiques qui sont redevenus indépendants, comme les alzados de l'Amérique, acquièrent, sous l'influence de ces causes, une conformité complète, qui s'étend même jusqu'à la couleur de la robe. Toutes les conditions qui se trouvent ici réunies pour perpétuer les espèces avec l'identité de leurs caractères sont aussi celles qui ont été combinées par les éleveurs habiles, entre les mains desquels les races se sont perfectionnées : action permanente des mêmes causes, sélection des reproducteurs après épreuve, pratique de l'*in and in*.

C'est donc dans l'état le plus avancé de l'agriculture et de la zootechnie que les véritables lois de la nature ont été le plus complétement et le plus utilement appliquées. C'est donc bien à tort qu'on a qualifié de naturel l'état où se rencontrent nos races domestiques, la plupart du temps état mixte, où ne se trouvent réunis ni les avantages du véritable état de nature, ni ceux de l'exploitation industrielle. Cet étalon routeur qui va de porte en porte offrir sa saillie au rabais, ce taureau banal auquel on conduit toutes les vaches d'une localité, tous ces reproducteurs si abandonnés, si peu choisis, si mal appareillés, sont-ils les animaux de la nature?

Je reviens donc à mon point de départ, où me ramèneraient toujours les considérations les plus diverses auxquelles le sujet peut conduire : l'état de nature n'existe plus, l'état industriel n'existe encore que par exception, et c'est pourtant dans cet état seulement, c'est-à-dire quand l'exploitation économique des animaux s'inspire de données physiologiques, que les races peuvent s'améliorer.

Au lieu de distinguer deux sortes de causes modificatrices et deux sortes de races, naturelles et artificielles, distinction qui représente une idée fausse et ne mène à aucune conséquence utile, il me paraît plus logique et plus instructif de reconnaître deux périodes dans l'histoire des races : l'une que j'appellerai *primitive*, durant laquelle la race est plus ou moins abandonnée à l'influence de conditions mal définies, incohérentes, que l'homme songe le moins possible à modifier, parce que sa pauvreté, son incurie ou son ignorance s'y trouvent à l'aise; l'autre, à laquelle convient le nom d'*industrielle*, dans laquelle l'éleveur décide pour quel genre de service il doit produire ses animaux, et s'inspire, pour prendre cette détermination, de l'état de la race qu'il veut s'approprier, de la situation agricole et commerciale du domaine qu'il doit exploiter. A cette période le producteur se pose son but, mesure son action et ses ressources, s'engage avec sécurité dans la voie qu'il s'ouvre librement. La diversité des situations amène la diversité des solutions, et la consommation trouve son compte là où le producteur trouve son profit. Sans doute, une pareille pratique suppose, dans l'homme qui l'adopte, la connaissance des moyens propres à assurer l'amélioration qu'il projette, c'est-à-dire la connaissance des conditions physiologiques qui peuvent faire espérer la réalisation du but. Mais on ne peut prétendre, en vérité, que l'économie du bétail puisse, par une exception singulière, se passer d'étude et de science; j'entends par là l'expérience généralisée, les faits et les chiffres mis en ordre et élevés à la puissance d'une preuve à l'aide du raisonnement qui dévoile les causes et annonce les effets, ou, en deux mots, la théorie de l'application.

Une classification des races bovines qui tient par quelque point au système que je viens de critiquer, en ce qu'elle prend pour base les modifications que les animaux reçoivent des agents extérieurs, est celle que Thaer et surtout Sturm ont appliquée principalement aux bêtes à cornes de l'Allemagne. Dans cette classification, les races bovines se partagent en trois catégories, d'après leur habitat : races des montagnes, races des régions basses et races des contrées moyennes. Ce groupement, qui semble d'abord avoir quelque raison d'être et réunir les animaux par de grands traits de ressemblance, ne résiste pas longtemps à l'examen de la science et à l'application pratique. On voit bien vite que l'altitude n'est pas le seul élément qui intervienne comme cause fondamentale des différences essentielles que peuvent offrir les animaux. Après quelques essais on constate bientôt que cette méthode ne peut recevoir toutes les races bovines dans son cadre; qu'elle n'apprend rien, ni sur la conformation, ni sur les aptitudes des animaux; qu'elle passe par-dessus des analogies entre races vivant à des hauteurs diverses, et par-dessus des différences entre races se rencontrant aux mêmes altitudes. On reste convaincu enfin qu'elle est impraticable, comme le dit Weckherlin, et qu'elle ne conduit qu'à distinguer des exceptions, comme Pabst en fait la remarque. Il suffit de placer l'une à côté de l'autre les races de Schwitz, de Salers et des West-Highlands, rentrant toutes trois dans la catégorie des races de montagnes, et présentant cependant de si notables différences dans leurs formes et leurs qualités, pour mettre en évidence le vice radical du système. On arrive à la même conclusion en rapprochant la race Schwitz et la race hollandaise, deux races laitières de valeur analogue dans deux régions opposées. La différence des milieux réunis artificiellement dans cette qualification commune de pays de montagnes, et la différence du but que les éleveurs ont poursuivi dans chacun de ces milieux différents ou semblables expliquent la diversité des résultats obtenus. Ici encore nous retrouvons l'intervention de l'homme se combinant avec celle de la nature pour faire triompher le point de vue industriel.

Quelques autres divisions des races bovines n'ont d'intérêt que pour les pays auxquels elles s'appliquent, et prêtent aux mêmes observations que la précédente. Telle est celle que Burger a admise pour le bétail des états autrichiens, où il trouve deux familles : celle des *grandes races à robe d'un gris blanchâtre*, vivant principalement dans les plaines, et celle des *petites races à robe rouge*, habitant surtout les régions montagneuses. Telle est encore celle qui a été généralement suivie en Angleterre, où les races bovines se distinguent en races à longues cornes, races à courtes cornes, races à cornes moyennes, et races sans cornes. J'aurai occasion d'en citer quelques autres, en présentant l'histoire générale des races par grandes régions de production.

Une vue plus générale et déjà plus juste du sujet a conduit quelques zootechniciens à chercher, dans les traits mêmes des races bovines, l'indication de leur valeur relative. C'est ainsi que Weckherlin et Pabst ont indiqué ce qu'ils ont appelé les *signes de race*, c'est-à-dire les formes et les proportions les plus désirables dans l'espèce bovine, eu égard au rapport général qui peut exister entre ces caractères et les qualités des animaux. Mais ces signes sont des traits isolés: ils ne constituent pas un ensemble propre à offrir à l'esprit l'idée de telle ou telle machine animale, répondant à un besoin précis de la consommation; ils restent sans lien entre eux; ils ne cherchent pas l'harmonie entre les caractères extérieurs et les aptitudes de types définis, conformément aux explications que la physiologie peut aujourd'hui nous fournir et aux avantages que la pratique a reconnus; ils ne fournissent pas le moyen d'apprécier, par la comparaison, la valeur de nos diverses races et de les classer; en un mot, ils n'embrassent pas la question dans toute son étendue et ne la prennent pas sous son véritable jour : ils ne mettent pas en évidence le but industriel, l'accord des moyens et des résultats.

En raison du but à atteindre et de la nature même du problème à résoudre, le seul procédé de description des races qui puisse donner satisfaction à l'idée physiologique et à l'idée industrielle, être à la fois exacte et utile, consiste à rapprocher chaque race d'un *type* qui présente à l'esprit la perfection idéale de nos machines vivantes pour chacune des trois natures de services que nous demandons à l'espèce bovine : production de la viande, du travail et du lait. Je vais essayer de tracer rapidement ces *types*, qui doivent nous servir de termes de comparaison et de critérium dans l'appréciation des races.

Avant tout, avant d'être aptes à tel ou tel service, les machines animales doivent remplir certaines conditions de structure et de vie qui leur sont communes, puisqu'elles sont les conditions naturelles de leur existence. Il faudra donc exiger de tous les animaux de l'espèce bovine, quelle que soit leur destination spéciale, un certain ensemble de traits fondamentaux dans les données et les limites du plan général d'organisation qui distingue cette espèce.

Ainsi, deux sortes de caractères coexistent ou doivent coexister dans les machines animales quelles qu'elles soient : les caractères qui indiquent le *bon état* de la machine, et ceux qui révèlent la *spécialité* de cette machine.

Passons d'abord les premiers en revue. Ils se rapportent nécessairement aux deux grandes fonctions qui résument la vie organique : la nutrition et la reproduction ; l'une assurant la conservation de l'individu, l'autre garantissant la perpétuité de l'espèce. La locomotion, bien qu'elle n'ait qu'une importance tout à fait secondaire par rapport aux deux fonc-

tions capitales qui constituent la vie, doit cependant présenter aussi, dans les appareils qui lui sont propres, certaines conditions générales de développement, de forme et de proportion qui s'accommodent aux divers genres d'emploi de l'espèce bovine.

L'accomplissement normal des fonctions vitales dans leur ensemble se trahit d'abord par la bonne santé des animaux, et cette bonne santé s'exprime par une certaine vivacité et par la douceur du naturel. Cette vivacité n'est ni de la turbulence, ni de l'inquiétude, c'est plutôt de la gaieté, le témoignage de l'énergie fonctionnelle éveillée et satisfaite, de la sensibilité et de l'instinct suffisamment développés. L'œil clair et ouvert, le regard placide et plein, l'oreille tranquille, mais attentive et impressionnable au moindre bruit, la peau rosée et offrant une certaine moiteur sur tous les points où elle est à nu, couverte, partout ailleurs, de poils suffisamment denses et onctueux, tels sont les signes principaux de la bonne santé de l'animal. Je laisse de côté, parce qu'ils ne rentrent pas dans mon sujet, les indices tirés de ces mêmes parties comme signalant ou présageant la maladie.

L'intégrité des fonctions de nutrition, et, tout particulièrement, celle de la respiration et de la digestion s'annonce par un ensemble de caractères concordants. Un bon appétit et une digestion facile en sont les signes essentiels ; ils prouvent que l'animal profite de sa ration et se l'assimile. Mais cette précieuse disposition implique certaines conditions de conformation dans les parties thoraciques et abdominales ; elle coïncide avec des narines largement ouvertes à l'entrée et à la sortie de l'air, de même qu'avec un état satisfaisant de la peau, indiquant que la transpiration cutanée s'accomplit en parfaite harmonie avec les phénomènes de la respiration pulmonaire.

La forme et le développement de la cage du thorax sont des caractères de premier ordre, non pas tant par leur liaison avec l'énergie générale des fonctions respiratoires et digestives que parce qu'ils commandent, en quelque sorte, à tout l'organisme, et déterminent les proportions principales du corps. C'est donc avec raison que la pratique et la science ont attaché de tout temps une importance exceptionnelle à la bonne conformation de la poitrine. Mais cette conformation, pour être bonne, n'appelle pas, pour tous les genres de services, la même amplitude, ni la même prédominance; elle varie, sous ces deux rapports, avec les conditions mêmes du fonctionnement spécial des machines diverses, et cela, en raison des causes qui ont présidé à la formation de ces machines, comme je le dirai en dessinant tout à l'heure chacun des trois grands types de l'espèce bovine, et surtout à propos du type des animaux de boucherie.

Cependant, quel que soit le type spécial auquel les animaux peuvent appartenir, la cage thoracique doit réunir certaines dispositions qui concordent avec le jeu complet et facile des organes importants renfermés dans cette cavité. Une poitrine qui serait, eu égard aux dimensions générales de l'animal, trop étroite pour se prêter aisément à l'accomplissement des phénomènes mécaniques de la respiration, laisserait la machine animale dans le plus triste état de faiblesse; toutes les parties du corps resteraient chétives et pauvres; l'animal perdrait rapidement toute énergie, si même il pouvait en avoir jamais possédé. Mais, sans aller jusqu'à cette exagération maladive, l'étroitesse disproportionnée de la poitrine est un défaut qui a de fatales conséquences physiologiques et organiques. Il ne faut pas attendre de succès dans l'exploitation de machines animales ainsi faites, même quand on les placerait dans les meilleures conditions : l'assimilation et tous les phénomènes de formation et de revivification des parties seront incomplets. En outre, le rapprochement des parois latérales du thorax met en saillie la région du garrot, qui devient elle-même étroite et pointue. Sur tous ces points, les masses musculaires trouvent un espace insuffisant pour la réunion solide et énergique des épaules avec le tronc et les parties voisines. Les côtes ne peuvent, non plus, dans ce cas, prendre leur voussure normale, si nécessaire aux phénomènes respiratoires. C'est alors aussi que se prononce derrière les épaules cette dépression dont on indique la présence en disant que l'animal est *sanglé*, parce que, en effet, la cage thoracique semble être alors comme serrée et étranglée par la pression d'une sangle qui l'embrasserait.

Je dis que ce défaut grave se lie à l'étroitesse de la poitrine et à l'aplatissement des côtes, qu'il en est la conséquence et le signe. En effet, d'après la disposition normale des parties, les parois latérales de la poitrine sont naturellement plus rapprochées immédiatement derrière les épaules qu'elles ne le sont plus loin, dans le voisinage de la cavité abdominale, puisque la cage du thorax représente un tronc de cône dont la petite base est en avant et la grande en arrière. Quand la poitrine se resserre plus que de raison, la partie postérieure de ce tronc de cône reste évasée, et alors devient sensible en s'exagérant le rétrécissement circulaire derrière des épaules plates.

Quelles que soient ses dimensions en tout sens, la poitrine doit donc présenter une forme générale cylindrique, due à un écartement convenable des épaules et à une voussure régulière des côtes, se prononçant à partir de la colonne vertébrale jusqu'au sternum dans le sens vertical, et de l'encolure à la cavité abdominale dans le sens horizontal. Dans ces conditions le garrot prend plus de largeur, et les masses musculaires qui unissent les épaules au tronc, comme celles qui rattachent la poitrine à l'encolure et au ventre, se développent sur une épaisseur plus grande. Toutes les parties de l'avant-main sont alors suffisamment charnues; elles s'arrondissent ainsi et tiennent les unes aux autres sans dépressions, sans saillies discordantes.

La région abdominale doit continuer la forme de la région thoracique, en restant arquée depuis les points où elle s'unit à la colonne vertébrale jusqu'à sa paroi inférieure, où les côtes ne la soutiennent plus; elle ne doit être ni tombante ni rétractée. Tombante, elle est l'indice d'une containe lâcheté des tissus, en même temps qu'elle annonce un animal dont les viscères sont fatigués par une alimentation plutôt volumineuse que substantielle; rétractée, elle est le signe de fonctions digestives ordinairement peu actives, ou d'un épaisement momentané qui doit rendre l'animal suspect.

Quand la région abdominale prend la forme qui la met en harmonie avec l'avant-main, la région lombaire, les reins, ont une certaine largeur où les muscles peuvent prendre l'épaisseur voulue; le flanc ne se creuse pas et reste plein; du ventre à l'arrière-main les lignes se continuent sans inégalités entre toutes les parties: en un mot, ce qui s'est passé autour de la cavité du thorax se produit avec la même régularité autour de la région abdominale. Il s'établit ainsi, de l'avant à l'arrière de la machine, une uniformité, une harmonie qu'on traduit bien, dans le langage ordinaire, en disant que l'animal est *suivi*.

Il est facile de comprendre, d'après ces notions, que la ligne supérieure du corps, du garrot à l'attache de la queue, doit être aussi droite que possible chez tous les animaux de l'espèce bovine; c'est la seule direction qui soit compatible avec la structure normale des diverses régions du tronc, telles que je viens de les décrire. Mais il y a, pour chaque service, d'autres raisons qui font de cette rectitude de la ligne supérieure du corps une condition de bonne conformation.

Chez les animaux de travail, cette rectitude indique que tous les éléments vertébraux sont étroitement et solidement liés entre eux, de manière à transmettre intacte, de l'arrière-main à l'avant-main, l'impulsion que donne à la machine la détente des membres postérieurs. Sans cette rigidité du grand levier dorsal, la force irait se décomposant de vertèbre en vertèbre, se perdant dans toutes les parties ligamenteuses, et n'agirait qu'affaiblie sur la résistance. D'ailleurs cette ligne droite annonce que les membres, les viscères et les parties latérales du corps sont vigoureusement portés par la verge indéflexible à laquelle ils sont appendus. La rectitude de la ligne dorsale est donc le signe général et spécial de la force propre de la machine.

Chez les animaux de boucherie, cette rectitude prouve aussi une relation convenable entre le poids des parties appendiculaires et la force de résistance de la tige osseuse formée par les vertèbres; mais elle devient, en outre, pour ces machines spéciales, une condition de leur forme générale qui doit les approcher le plus possible du cylindre, ou même du parallélipipède rectangulaire, et qui exige, par conséquent, l'horizontalité de la ligne du dessus en même temps que le parallélisme de cette ligne et de celle du dessous.

Chez les vaches laitières, la ligne supérieure reste droite si la colonne vertébrale est en harmonie, par sa force de résistance, avec la masse inerte qu'elle soutient, et si des gestations prématurées ou nombreuses ne l'ont pas fait fléchir.

À la rectitude de la ligne dorsale est lié un caractère qui doit aussi se rencontrer chez tous les animaux, quelle que soit leur destination particulière : c'est la hauteur égale de l'avant-main et de l'arrière-main, déterminant l'horizontalité du corps. Chez les animaux *enlevés*, les viscères abdominaux sont poussés sur le diaphragme et nuisent ainsi à la fonction respiratoire, surtout quand ils sont remplis d'aliments. De plus, le poids total se répartit inégalement sur les membres postérieurs et antérieurs; ceux-ci sont continuellement surchargés dans la station et dans le mouvement, et l'équilibre est incessamment rompu entre les forces de support et les forces d'impulsion. Pour les animaux de travail ce défaut amène une plus grande fatigue et une ruine plus prompte. Chez les femelles en gestation, le poids du fœtus s'ajoute au poids des viscères pour compliquer la difficulté des mouvements respiratoires, durant une période où la circulation est déjà entravée dans sa marche; la tendance du fœtus à tomber dans la cavité abdominale rend ensuite la parturition plus laborieuse.

Si tous les caractères dont je viens de parler indiquent le bon état de la machine animale, il en est d'autres qui s'y rattachent, comme des effets à leur cause, et sont aussi la conséquence d'un accomplissement normal des grandes fonctions de nutrition. Tel est, pour tous les tissus, une qualité générale qui ne se rencontre que dans les organismes bien constitués, dans les machines qui utilisent convenablement les matériaux qu'on leur donne à élaborer; les muscles doivent toujours garder un certain développement relatif, une certaine fermeté, une résistance moyenne à la pression, qui accusent la vitalité, l'élasticité, la souplesse de leurs fibres. Comme nous le verrons bientôt, les masses musculaires prennent un volume variable suivant la spécialité des animaux, et suivant la condition des individus chez lesquels on les observe; mais elles ne doivent jamais être ni flasques, ni lâches, ni réduites à l'excès, ni desséchées, et accuser ainsi une grande faiblesse ou une grande pauvreté de nature.

Quand ces défauts existent chez un animal, ils se trahissent également par les caractères du système osseux, par ceux du système cutané et de ses appendices. Ainsi le veulent la connexion et l'harmonie nécessaire qui règnent entre toutes les parties de l'économie animale sous l'influence des grandes lois de nutrition.

Le squelette n'a pas la même force, ne prend pas le même développement et n'exige pas les mêmes proportions entre les rayons osseux chez tous les animaux; mais, chez tous, l'ossature doit offrir, dans ses parties principales, les signes qui excluent la débilité des organes et la grossièreté des éléments histologiques. Ces signes se prononcent principalement sur les parties où les os ne sont pas recouverts de muscles épais, à la tête, aux extrémités inférieures des membres, à la queue. Une tête grosse et lourde, des paturons massifs et épatés, une queue haut attachée, énormément forte à sa naissance, courte, trapue, où toutes les saillies des vertèbres sont effacées, sont les indices certains de la texture pour ainsi dire spongieuse du tissu osseux, et d'une nature sans distinction. Une os-

sature volumineuse indique plus de masse que de force, plus de mollesse que d'énergie, un développement qui s'est produit plutôt dans le sens de l'expansion que dans celui de la concentration de l'activité formatrice, un animal mauvais consommateur. La netteté des formes de toutes les parties, leur légèreté, leur finesse relative coïncident ordinairement avec la compacité des tissus et la distinction de toute la machine. Chez les bêtes de travail, ces caractères sont favorables à la puissance; chez celles qui doivent fournir de la viande et du lait, ils promettent plus d'aptitude spéciale.

La peau doit offrir des indices qui soient d'accord avec les précédents, et, comme elle est facilement accessible aux investigations de la main et de l'œil, elle fournit des caractères importants, toujours explorés avec profit. Dans aucun cas elle ne doit être sèche et dure, spongieuse, tenace, étroitement adhérente aux parties sous-jacentes, sous peine de révéler, dans le fonctionnement de la machine et dans la texture de ses parties, des défauts du même ordre que ceux d'où nous tirions tout à l'heure l'indice d'une nature sans finesse.

L'épaisseur de la peau, si d'ailleurs elle n'est pas excessive et qu'elle s'allie à l'élasticité, à la souplesse, à la mollesse, à une certaine ductilité qui lui permet de se détacher aisément du corps quand on la tire en sens divers, et de revenir promptement sur elle-même quand on l'abandonne, est un caractère qui peut se rencontrer avec avantage chez tous les animaux de l'espèce bovine, quelle que soit leur destination. Il est d'accord avec tous les autres signes qui indiquent que l'animal se nourrit bien et qu'il est de bonne nature.

Chez les animaux spécialement aptes à l'engraissement, la peau présente généralement plus de finesse, comme je le dirai plus loin, et un tissu cellulaire sous-cutané plus développé; mais il ne faut pas croire qu'une peau médiocrement épaisse, quand elle offre, d'autre part, toutes les qualités que je viens d'indiquer, soit nécessairement un signe fâcheux pour ces machines spéciales. C'est quelquefois un caractère de race, dû à des antécédents particuliers, qui n'implique aucune infériorité des animaux comme consommateurs, ni aucune infériorité dans la qualité de leurs tissus. Il ne faudrait pas s'imaginer, non plus, qu'une peau extrêmement fine fût, par cela seul, un signe favorable aux animaux de boucherie; ce peut être là, au contraire, un caractère fâcheux, si la peau trop mince s'unit à des os volumineux, si l'on sent, sous cette peau déliée, un tissu cellulaire lâche, des muscles mous, qui sont le plus ordinairement alors peu prononcés. Souvent de tels animaux sont faibles, délicats, peu propres à supporter une vie un peu rustique; leur développement a souffert dans sa marche, ou il a été arrêté; ils simulent les grands animaux de boucherie, mais ils n'en ont que l'apparence, et ne doivent leur fleur qu'à un engraissement excessif.

Le développement considérable du fanon est un caractère de grossièreté, toujours lié à des signes de même sens fournis par l'ensemble du système cutané; il est d'autant plus significatif que la peau du fanon est plus épaisse et plus dure. En général, tous les plis, tous les bourrelets de la peau indiquent un animal commun d'origine, et un consommateur prodigue, pour employer l'expression si juste adoptée par les Anglais. Le fanon n'ajoute aucune valeur à aucun animal.

Les poils, les cornes, les sabots, qui se rattachent au système cutané par leur nature, en prennent aussi les caractères généraux. Il serait superflu d'entrer, à ce sujet, dans de plus amples développements. Je dirai seulement, à propos des cornes, que, si elles peuvent varier dans leur longueur, elles doivent toujours, par leur légèreté et leur finesse relatives, par la consistance convenable de leur tissu, par leur couleur claire, par la netteté de leur forme et le poli de leur surface, présenter des indications qui soient d'accord avec celles qu'on tire du système osseux et du système cutané, et qui permettent de se prononcer sur la *nature* de l'animal.

J'insiste sur l'accord qui doit exister entre tous les caractères dont je viens de faire l'examen, parce que les détails sont ici dominés par la valeur intime de la machine elle-même, et trouvent leur unité dans la manière dont s'accomplissent les phénomènes capitaux de la nutrition. On peut descendre dans l'analyse la plus circonstanciée de chacune des parties, la même empreinte, la même harmonie s'y retrouvera.

Quant aux caractères extérieurs qui peuvent nous faire espérer que les fonctions de reproduction s'accompliront normalement, ils consistent dans le développement régulier et complet des organes spéciaux, dans l'habitude générale du corps, les traits et les instincts propres à chaque sexe. Ils doivent être convenablement prononcés chez les animaux qu'on destine à la multiplication de l'espèce.

Nous venons de constater quelle doit être la valeur de chaque partie dans toute machine animale, ou plutôt quelle doit être la qualité de la matière première employée à sa construction, comment elle doit être trempée, pour ainsi dire. Il faut voir maintenant comment se façonnent les organes, comment ils s'agencent pour donner naissance aux trois types de machines spéciales que peut produire l'espèce bovine.

Je commence par le type des animaux de boucherie.

La perfection d'une machine résultant de son adaptation la plus complète au but pour lequel on veut la faire fonctionner, le type le plus parfait des animaux de boucherie sera celui qui satisfera le mieux à toutes les conditions de la production de la viande. Cette production se propose d'obtenir la plus grande quantité de viande de la meilleure qualité, le plus économiquement possible. Elle a, comme toutes les opérations zootechniques, l'emploi des fourrages pour moyen, les animaux pour instruments.

La quantité de viande produite par les animaux constitue ce qu'on appelle leur *rendement*. La qualité de cette viande résulte de la qualité générale des tissus, liée nécessairement à la qualité des aliments, et du développement plus considérable des parties de l'animal où les muscles ont naturellement plus de valeur nutritive et sapide.

Pour communiquer à la viande toute la qualité qu'elle peut acquérir, pour accroître la somme des parties comestibles, chair et graisse, que l'animal peut fournir, il faut préalablement que l'animal soit soumis à un engraissement suffisant. L'engraissement est donc une opération agricole, qui a pour but essentiel la production de la viande grasse, et qui est accompagnée de la production du suif, du cuir, des abats, résultats accessoires s'adressant, pour une faible partie, à la consommation alimentaire, et, pour la presque totalité, à l'industrie, qui y trouve des matières premières. L'agriculture compte nécessairement parmi les produits les plus importants, sinon même comme le plus important de tous, le fumier, base de toute l'exploitation du sol et du bétail, du sol par le bétail et du bétail par le sol.

Le *rendement* que le consommateur attend d'une machine bien organisée pour la production de la viande, celui que le producteur doit, par conséquent, chercher, c'est donc la somme la plus considérable de viande grasse comestible, de la partie que débite le boucher à son étal, et qui forme ce qu'on appelle les *quatre quartiers* ou le *poids net (carcass)*. Plus s'élèvera le poids des quatre quartiers, proportionnellement au poids total de l'animal, plus le rendement sera avantageux; il aura pour expression le rapport du poids net au poids vif. Encore faut-il bien remarquer ici que le poids net comprend une certaine proportion d'os qui ne se peut isoler de la viande débitée, en même temps qu'une certaine quantité de graisse qui ne peut être vendue au consommateur. De sorte que l'animal vraiment supérieur sera celui qui, non-seulement fournira le rapport le plus élevé entre le poids net et le poids vif, mais donnera en même

temps le moindre poids possible d'os et de déchets aux quatre quartiers.

Le rapport du poids net au poids vif a aussi une autre signification non moins importante : il représente la valeur des animaux comme utilisateurs de leur ration. Il résume donc en lui la question de la production de la viande, en tant qu'elle dépend du fonctionnement de la machine animale.

Cette manière d'apprécier la valeur absolue des animaux de boucherie n'est pas celle que le commerce a adoptée en général. Les bouchers recherchent, avant tout, une grande quantité de suif; le rendement en suif est celui dont ils s'enquièrent d'abord, et d'après lequel ils estiment un animal. Cette appréciation ne se justifie qu'en partie. Il est certain que l'animal n'a de qualité suffisante que si son engraissement a été assez poussé; le dépôt de la graisse autour des viscères abdominaux correspond, jusqu'à un certain point, au degré de l'engraissement, et atteste, par suite, la qualité générale de la viande. Mais il ne faut pas exagérer cette signification du dépôt graisseux dans la cavité abdominale; il ne faut pas, surtout, lui donner la préférence sur le rendement en matières directement utiles à la consommation. De deux animaux, celui qui accuse le rapport le plus élevé entre le poids net et le poids vif se placera toujours avant celui qui présente le rapport le plus faible, quand même celui-ci donnerait une plus grande quantité de suif. Ce que je dis du suif, je le dis à plus forte raison du cuir et des abats. Cette méthode d'appréciation, juste en elle-même et au point de vue du consommateur, l'est aussi au point de vue du producteur, à qui le boucher ne paye, en réalité, que le poids de la viande nette.

En établissant la valeur absolue des machines à produire la viande sur le rendement proportionnel en poids net, on s'éloigne encore de l'opinion des bouchers, en ce qu'on ne tient pas compte de la taille des animaux. Dans les grandes villes, le commerce de la boucherie recherche généralement les animaux de grands poids; je ne puis peser ici les motifs de cette préférence, mais il est évident que, tout étant égal d'ailleurs, et particulièrement à égalité de qualité, la supériorité n'appartient qu'à l'animal, petit ou grand, qui livre à la consommation la plus grande masse proportionnelle de parties comestibles. Dans son choix relativement à la taille des animaux, l'éleveur s'inspire des ressources dont il dispose et de sa situation commerciale; mais il ne lui est jamais avantageux de rechercher, comme on le fait encore trop souvent, ces grands et énormes animaux, ces colosses de taille et de charpente, qui sont la ruine certaine du propriétaire; les intérêts du producteur et du consommateur sont absolument les mêmes sur ce point.

A quelles conditions la machine animale fournit-elle le rendement le plus utile, impliquant à la fois quantité et qualité du produit, utilisation avantageuse des fourrages, résultat industriel complet pour le consommateur et le producteur?

Plusieurs causes, dont l'action est complexe, déterminent cette valeur propre de l'animal de boucherie : l'âge, le sexe, les antécédents, le tempérament, la race; mais toutes se traduisent dans leur effet final par la conformation. Quelle est donc la conformation qui révèle le meilleur animal de boucherie?

C'est celle qui résout le mieux les trois conditions de travail spécial qu'on exige de la machine à viande :

La *quantité*, par la prédominance du système musculaire et le développement correspondant du tissu adipeux;

La *qualité*, par la bonne nature des tissus et la prédominance de toutes les parties du corps où la viande est le plus délicate;

L'*économie*, par la prédominance des facultés d'assimilation.

Ces conditions combinées appellent, comme conséquence, le développement le plus complet, je dirai presque le plus exagéré, de la chair partout où la chair peut se former, mais de telle sorte que la viande abonde sur tous les points où elle est le plus estimée, sans être trop réduite sur tous les points où elle a moins de valeur. Ainsi, tout l'arrière-main, où les masses musculaires peuvent le plus s'épaissir, et où la chair a le plus de qualité, doit prendre les dimensions les plus grandes en tout sens : de la pointe de la hanche à la pointe ischiale, de celle-ci au jarret, d'une hanche à l'autre, de la pointe d'un ischion à la pointe de l'autre, et d'un jarret à l'autre. Voilà pourquoi l'on indique comme d'excellents caractères la hanche haute et bien couverte, la *culotte descendue*, *peu fendue* et pleine; pourquoi l'on n'estime pas les animaux pointus de la croupe, plats dans la région des fesses, décharnés et creux au-dessus du jarret, clos en arrière par le rapprochement des membres postérieurs. Plus l'arrière-main sera volumineux par rapport au corps tout entier, plus longue sera la ligne de la pointe de l'ischion à la pointe de la hanche, et plus l'animal s'approchera de la perfection au point de vue de la production de la viande.

C'est encore pour associer la quantité et la qualité que la région lombaire doit s'élargir et s'épaissir, s'étendre le plus possible vers la région dorsale, et que les côtes, bien voûtées, doivent s'unir, sans dépression, à des épaules puissantes. Des reins et un dos larges, des flancs bien remplis, des côtes bien couvertes, sont donc aussi des caractères de premier ordre pour les meilleures machines à viande. Si la poitrine *sanglée* derrière les épaules n'est, dans aucun cas, le signe d'une bonne conformation, comme je l'ai dit plus haut, elle est tout particulièrement un défaut chez les animaux de boucherie.

Bien que la région du thorax et celle des épaules ne fournissent pas de la viande égale en qualité à celle de l'arrière-main, elles en donnent cependant d'une qualité supérieure à celle de la région abdominale, de l'encolure, de la tête et des extrémités, et elles en peuvent donner beaucoup; d'ailleurs, la qualité augmente quand les muscles prennent plus d'épaisseur. Il importe donc au rendement de la machine que la poitrine soit ample, que les épaules soient bien garnies, effacées dans les masses musculaires qui les couvrent et les rattachent à l'encolure, au garrot et aux côtes, prolongées jusqu'à l'avant-bras, qui doit être lui-même large et charnu.

Pour satisfaire à ces conditions d'amplitude, le garrot devra donc être large, les épaules seront distantes l'une de l'autre dans toute leur longueur, les membres antérieurs écartés; l'animal devra être, comme on dit, bien *ouvert* du devant; le sternum descendra aussi bas que possible entre les membres antérieurs. Par une suite naturelle de cette conformation, et pour des raisons du même ordre, le cou doit être aussi court que possible, l'encolure peu chargée, le fanon nul.

Ce développement prépondérant du système musculaire appelle, comme complément, la réduction des parties qui ne sont pas utiles, celle du système osseux, du système cutané et de ses annexes. Par une heureuse coïncidence, les lois physiologiques poussent au même résultat que les besoins de la consommation, et la loi du *balancement des forces organiques*, en vertu de laquelle toutes les fois que la vie se porte avec intensité sur un point elle anime moins les autres, détermine ici la subordination des systèmes secondaires au système principal. Ainsi, le squelette est réduit, toute l'ossature est légère; la tête est fine et mince, comme le sont les côtes, comme l'est la queue, dont l'attache elle-même est délicate et ne fait aucune saillie au-dessus des parties voisines. Les corps des vertèbres et les apophyses sont complétement garnis de muscles, ne forment point arête, et s'effacent dans le plan de la face supérieure du corps. Les membres sont courts dans leurs rayons inférieurs et d'un petit diamètre. Tous les organes déliés qui s'isolent du tronc, la tête, les membres, la queue, s'unissent à la masse du corps par une large attache, indice d'un développement musculaire puissant; elles prennent ainsi une forme conique, qui est d'autant plus accusée que la base en est plus vaste et l'extrémité plus effilée, c'est-à-dire que se prononcent davantage la prédominance musculaire et la réduction du squelette.

Par une conséquence des relations étroites qui existent entre le système osseux et le système cutané, je devrais dire par sympathie physiologique, la peau est peu épaisse, moelleuse, douce au toucher, élastique; elle se détache aisément du corps lorsqu'on la tire, et, quand l'animal a déjà de l'état, elle roule comme sur un coussinet graisseux, signes du développement tout particulier du tissu cellulaire sous-jacent et du développement général de ce tissu, gangue de tous les organes et réceptacle de la graisse. Une telle peau est recouverte d'un poil doux, soyeux, qui donne à la main la sensation d'une mousse élastique. Les cornes répondent à ces caractères. Elles peuvent être plus ou moins longues, mais restent toujours fines dans leur nature et déliées.

La coexistence de tous ces caractères dans un même animal détermine nécessairement une certaine forme spéciale, certaines proportions des parties, qui doivent être propres aux machines les mieux organisées pour la production de la viande. Cette forme est celle d'un cylindre, ou, mieux encore, celle d'un parallélipipède rectangulaire, en tant du moins qu'elle est compatible avec la structure et les données générales du corps des animaux. La régularité du parallélipipède rectangulaire exige la rectitude absolue de la ligne dorsale et son parallélisme avec le dessous du corps; la verticalité de la ligne terminale de l'avant-main et de l'arrière-main; la plus belle largeur du dessus du corps formant table, répétée par le dessous; enfin la brièveté la plus grande du cou, de la tête et des membres, qui sortent forcément des limites du solide géométrique.

C'est évidemment dans ce cas que la masse du corps est la plus considérable; et plus l'arrière-main prend d'importance dans le volume total du solide, plus le rendement s'approche de la perfection : plus il est élevé à la fois en quantité et en qualité.

Quand les lignes du dessus et du dessous ne sont pas parallèles, le corps prend la forme d'un tronc de cône ou celle d'un tronc de pyramide dont la grande base est en avant ou en arrière, selon que le défaut de parallélisme se prononce dans un sens ou dans un autre. Si la grande base est en avant, la poitrine peut être bien développée, mais le rendement baisse par la quantité, et comprend une forte proportion de viande de seconde qualité. C'est ce qui se produit chez les taureaux en général, et chez les animaux légers dans leur arrière-main. Si le contraire a lieu, l'arrière-main est ample, la poitrine moins vaste; le rendement est encore diminué en quantité, mais la viande de première qualité y figure pour une proportion plus grande. C'est ce qu'on observe particulièrement chez les femelles.

Pour les animaux de boucherie, comme pour tous les autres, la plus exacte harmonie doit régner entre toutes les parties; leur symétrie doit être complète; il les faut parfaitement *unis*. En raison même de leur forme générale, il ne doit exister ni dépression en aucun point, ni saillie brusque; toutes les parties du corps doivent s'unir l'une à l'autre par des lignes courbes qui en accusent légèrement les rondeurs, et se perdent en se fondant ensemble.

Nous venons de voir que la nécessité du rendement élevé chez l'animal supérieur pour la boucherie entraîne le développement considérable de la poitrine, en ne considérant même que les exigences de la forme. Ce caractère est encore et surtout réclamé par la puissance des facultés digestives dont la machine doit être douée pour réaliser le type le plus parfait des machines à produire la viande. On peut dire qu'une ample, une immense poitrine caractérise tout spécialement ces machines. Il est important de dire pourquoi, car s'il n'y a pas de fait plus certain ou pratique, il n'en est pas à propos duquel on ait formé plus de systèmes, accumulé plus d'erreurs pour en fournir l'explication.

Les observations physiologiques ont depuis longtemps constaté que les différences dans la taille des individus de même espèce comparés entre eux résultent essentiellement de différences dans la longueur des membres, les plus petits ayant souvent un tronc plus long que celui des

plus grands. Elles ont établi aussi que, dans l'ordre d'évolution des parties du corps, le tronc prend son développement avant les extrémités. J'ai de plus reconnu, par des recherches spéciales[1], que c'est dans la région thoracique que les dimensions du tronc s'accroissent davantage.

D'ailleurs, comme je l'ai dit dans le Mémoire que je viens de rappeler, les premiers temps de la vie sont favorables à l'accumulation de la graisse, surtout à la périphérie du corps et dans les intervalles des masses musculaires, et cette disposition, aidée d'un régime approprié, concourt encore à épaissir la région thoracique.

Si l'on seconde ces tendances de la nature, si, dès le jeune âge des animaux, alors que la puissance formatrice a le plus d'énergie, et qu'elle manifeste surtout son activité dans le développement de la portion centrale de l'organisme, on fournit à cette puissance des matériaux abondants, elle les mettra en œuvre conformément aux lois qui règlent son action, et donnera tout particulièrement à la région du thorax un développement considérable.

Une alimentation riche dès la naissance a donc cette double conséquence d'engager le développement des animaux dans la voie qu'ouvrent elles-mêmes à l'industrie de l'homme les lois de la nature, et de favoriser l'aptitude qu'ont les animaux jeunes à produire de la graisse dans un tissu cellulaire plus abondant. La machine animale prend dès lors une tendance particulière, un tempérament propre, qui se caractérisent par la prépondérance des facultés nutritives sur les facultés locomotrices, par l'exagération des forces assimilatrices relativement aux autres.

La nutrition ainsi appelée sur certaines parties de l'organisme y augmente de puissance, et elle reste, par compensation, moins active dans les autres parties. Tous les effets des lois physiologiques sur l'accroisse-

[1] Comptes rendus de l'Académie des Sciences, février et mars 1861; *Annales du Conservatoire des Arts et Métiers*, juillet 1861.

ment qu'amène l'exercice et sur le balancement des forces organiques se produisent alors ; tous les caractères qui en sont la suite se prononcent tels que je les ai tracés. Ainsi le développement plus actif et plus considérable du tronc appelle la réduction des membres ; l'aptitude à prendre la graisse de bonne heure favorise l'amplification du tissu cellulaire sous-cutané, constituant souvent un panicule épais, même une sorte de couche lardacée, dans les races très-précoces ; la prédominance des systèmes qui se complètent plus rapidement, du système musculaire et de ses dépendances, a pour contre-coup la subordination du système osseux, du système cutané et de ses appendices.

De là l'ossature légère, la réduction des extrémités, le peu d'épaisseur de la peau, la finesse des cornes ; de là la forme générale du corps et sa masse ; de là l'augmentation du poids, quand la circonférence thoracique s'accroît, et l'élévation du poids net par la diminution des issues. De là, en un mot, tous ces caractères que nous venons de signaler comme réalisant l'harmonie de conformation chez les animaux les plus parfaits pour la production de la viande, et qui sont la conséquence de certaines harmonies physiologiques.

Pour que s'exercent dans leur plénitude les facultés propres de ces machines ainsi destinées à une conformation et à un fonctionnement particuliers, l'éleveur les laisse dans l'inaction au sein de l'abondance. Et comme, pour fixer les résultats acquis, les reproducteurs sont choisis parmi les animaux qui possèdent au plus haut degré les qualités spéciales qu'on requiert, ces qualités se confirment et se complètent à chaque génération. On favorise, d'ailleurs, la fixation de ces caractères spéciaux en prenant les reproducteurs parmi les jeunes animaux et en les unissant en proche parenté. Il se forme ainsi des races molles, tranquilles, tout entières consacrées à la boucherie, s'engraissant facilement et de bonne heure, fournissant un rendement élevé proportionnellement à leur poids brut et à leur consommation.

L'ampleur que prend la région thoracique est donc, comme je viens de l'indiquer, la conséquence du développement de la machine animale ainsi aidée dans sa marche normale. Elle signale un animal dont la puissance d'assimilation et la tendance à l'engraissement sont les caractères essentiels. Elle détermine, en outre, la forme générale du corps. Elle constitue donc le trait distinctif de l'animal d'engrais. Par suite, la poitrine sans ampleur a une signification contraire et entraîne une conformation différente.

On peut donc dire que toute la valeur propre de la machine animale se mesure au développement de la région thoracique, que la poitrine en est le caractère dominateur. Mais, tout en accordant à ce caractère cette haute signification, et à la conformation toute son importance, il faut bien se garder de s'en tenir là.

La conformation n'est pas une cause, elle est un effet. C'est la résultante de toutes les forces physiologiques diversement développées par la manière dont l'animal a été traité et nourri dans son jeune âge. De sorte que les soins d'élevage et l'alimentation dans le jeune âge renferment, en définitive, tout le problème de la formation et de l'amélioration des races.

Tout est si bien en harmonie dans les œuvres de la nature, que le développement énorme de la poitrine chez les animaux les mieux organisés pour la boucherie est, en même temps qu'une conséquence de leur aptitude, une condition du jeu normal de leurs fonctions. L'engraissement amène l'accumulation de la graisse autour des viscères de l'abdomen, le dépôt de la graisse en couche solide autour du cœur et sur toute la paroi interne de la cavité thoracique, en même temps que dans l'épaisseur des muscles et du panicule adipeux. L'ampliation de toutes ces parties diminue d'autant la cavité du thorax, gêne plus ou moins les mouvements du diaphragme et des côtes, laisse plus ou moins libres les organes essentiels de la respiration et de la circulation, et menace ainsi plus ou moins les animaux de congestions vers les organes thoraciques et cérébraux, et d'accidents dont leur état même précipite la complication. L'ampleur de leur poitrine préserve de ces dangers les animaux les plus disposés à prendre la graisse, en rendant plus faciles tous les phénomènes mécaniques de la respiration.

On a voulu donner d'autres raisons de l'influence incontestablement avantageuse d'une poitrine ample sur les facultés des animaux de boucherie ; on les a cherchées dans un tout autre ordre de phénomènes. On a dit que le volume de la poitrine est le signe du volume des poumons ; que l'activité des poumons est en raison de leur volume ; que la richesse du sang et la puissance des fonctions digestives sont proportionnelles à l'activité respiratoire. En un mot, on a rattaché toute l'énergie des fonctions au volume des poumons, et le volume des poumons à celui du thorax. L'observation et l'expérience démentent complétement ces assertions, comme je l'ai démontré dans le Mémoire auquel j'emprunte ces considérations.

Les résultats d'abatage prouvent que le volume et le poids des poumons ne sont pas proportionnels au développement de la poitrine ; leur croissance et leur décroissance sont en relation avec d'autres conditions de la machine animale. Il est même remarquable que les poumons, chez les animaux qui ont un volume thoracique plus considérable, ont un poids moindre, sont proportionnellement plus petits que chez les animaux à poitrine plus petite.

Les observations physiologiques faites en Angleterre, en Allemagne et en France, ont d'ailleurs démontré que la quantité d'air qui peut entrer et sortir des poumons dans les mouvements alternatifs de la respiration ne dépend pas de la capacité absolue de ces organes, et qu'elle n'est en rapport constant ni avec la circonférence, ni avec la hauteur du thorax, ni avec le poids du corps. Elle est réglée par d'autres circonstances complexes, telles que l'âge, le sexe, la taille des individus. La fréquence des mouvements respiratoires, qui est un élément important de l'activité de la fonction, n'est pas davantage liée à l'ampleur des organes pulmonaires, ni à celle de la cavité du thorax ; elle dépend de l'âge, du repos ou de l'activité musculaire, de l'action stimulante des aliments, et d'autres causes encore. Quant à la puissance du travail respiratoire lui-même, apprécié par l'étendue des changements chimiques que subit l'air respiré, elle est en connexité intime avec l'activité physiologique générale des animaux, en particulier avec la fréquence des mouvements respiratoires ; elle ne peut donc être mesurée par les dimensions du thorax ; tout étant égal, elle ne croît pas, elle décroît au contraire quand augmentent le poids et la taille des animaux.

Ainsi, les poumons des animaux à poitrine très-ample ne sont pas plus volumineux que ceux des animaux à poitrine de moindre dimension, pour les mêmes limites générales de stature. L'activité de la respiration ne dépend ni du volume des poumons, ni de l'ampleur du thorax. Les animaux les plus aptes à l'engraissement sont précisément ceux qui réalisent les conditions que l'observation a reconnues comme les moins favorables à un travail respiratoire intense, car ils restent à peu près dans l'inaction, ils n'exercent ni leurs forces musculaires, ni leurs organes de locomotion ; ils acquièrent un grand poids et prennent promptement la graisse.

Mais, en dehors des observations directes si concluantes, le raisonnement, fondé sur ce que nous savons des actions vitales liées à l'activité de la respiration comme causes ou comme effets, nous conduirait à conclure que, chez des animaux où les phénomènes de nutrition se balancent par un gain vif et un dépôt de graisse aussi considérable, la combustion physiologique dont la respiration traduit l'état ne saurait être tout spécialement énergique.

L'ampleur de la poitrine reste donc comme le caractère dominateur qui imprime à la machine animale son cachet propre. J'ai dit pourquoi ; j'ai expliqué comment elle s'obtient et quels sont ses effets nécessaires, eaux, du moins, que l'état actuel de nos connaissances nous permet de reconnaître. L'importance capitale de ce caractère et toutes les conséquences fonctionnelles et organiques qu'il entraîne vont apparaître aussi évidentes sous un autre aspect, par l'opposition du type des animaux de boucherie au type des animaux de travail, que je vais tracer.

Type des animaux de travail. Le travail qu'on demande à l'espèce bovine, celui qui est à la fois le plus compatible avec la conformation naturelle et avec la destination générale des animaux, est celui qu'exigent les préparations du sol et les charrois. Dans les conditions communes et normales de la culture, on n'attend des bœufs ni grande vivacité, ni allures rapides; ils doivent être doués d'une force suffisante pour la traction au pas vigoureusement et facilement soutenue durant un long temps. L'expérience semble même indiquer que c'est seulement pour les labours que les bœufs peuvent être économiquement employés. Les deux conditions de tout travail, la force et l'énergie, s'associent donc dans l'espèce bovine, de façon à laisser dominer la première sur la seconde.

La force résulte d'un ensemble de qualités que doit posséder la machine dans les éléments mécaniques qui constituent ses leviers, et dans les puissances qui mettent les leviers en jeu, c'est-à-dire le squelette et la musculature.

Les conditions de force pour le squelette, pour les leviers, peuvent se résumer en un certain nombre de traits essentiels que je vais brièvement énumérer.

1° La solidité des os, n'impliquant ni une grossièreté de texture, ni une énormité des parties, comme je l'ai déjà dit, mais consistant plutôt dans la densité du tissu osseux liée à un développement des organes proportionné au volume général du corps, et se traduisant surtout par une épaisseur convenable du crâne, de la base des cornes et de la queue, par un diamètre suffisant des rayons osseux.

2° La longueur de ces rayons en rapport avec les dimensions de l'animal, et toujours assez prononcée pour permettre le mouvement facile, un déplacement total proportionné à l'effort produit. Pour aider à ce résultat, les rayons inférieurs des membres seront plutôt courts que longs; le pied sera bien conformé. Il n'est pas nécessaire que les apophyses vertébrales qui forment le garrot prennent une grande hauteur, car les efforts qu'on demande aux bœufs de travail ne sont pas de la nature de ceux qu'on demande au cheval; mais il faut, cependant, que le garrot ne s'efface pas complétement, et surtout ne s'enfonce pas entre des épaules saillantes. Les reins doivent être forts et courts.

3° La direction régulière des rayons des membres portant verticalement sur les articulations, et donnant des aplombs parfaits en tout sens, en laissant, toutefois, les membres postérieurs convenablement coudés pour assurer leur vigueur. C'est à tort qu'on a demandé au bœuf de travail une épaule longue et oblique; ces caractères seraient favorables à une grande vitesse; ils ne sont pas nécessaires aux allures qu'on attend de l'espèce bovine. Les coudes ne doivent jamais être ni trop appliqués au thorax, ni courbés en dedans, comme cela s'observe trop souvent.

4° Les articulations bien agencées, nettes et larges, puissantes et libres, celles des jarrets tout particulièrement; le genou vigoureux; les têtes des os prononcées, formant des éminences qui forcent les tendons à s'insérer moins obliquement sur les os, et rendent ainsi la direction des forces autant que possible perpendiculaire aux leviers.

Les conditions de force pour les muscles, pour les puissances, consistent principalement dans leur grand développement et dans le jeu libre et facile des tendons. Le développement des masses musculaires se mesure moins à leur volume, dans lequel peut entrer beaucoup de tissu cellulaire et de graisse, qu'aux saillies nettes, fermes et distinctes qu'elles forment, tout en s'harmonisant entre elles sans dureté. La disposition favorable des tendons se juge surtout aux rayons inférieurs des membres, où ils doivent descendre le long des os sans empâtement, se détachant aisément et se dessinant de façon à ce qu'on les puisse, en quelque sorte, isoler et compter.

Toutes ces conditions élémentaires de force pour les bêtes de travail déterminent, par leur réunion, un ensemble qui donne à ces machines une forme générale caractéristique. Il doit nécessairement exister une relation étroite entre la masse inerte à porter et à déplacer et les parties actives qui sont chargées de ce support et de cette translation. Le poids du corps ne doit donc pas être trop considérable par rapport aux membres, qu'il écraserait sans cela et réduirait à l'impuissance ; il ne doit pas être réparti de manière à fatiguer l'avant-main. Ainsi, s'il est avantageux que les muscles de l'arrière-main, auxquels est confiée l'impulsion en avant, soient bien développés et donnent une ampleur considérable à cette partie du corps, les épaules et la poitrine ne doivent pas être chargées. Le thorax doit offrir les dimensions et la régularité de forme que j'ai signalées précédemment comme étant nécessaires à l'accomplissement normal des grandes fonctions dont il est le siége ; mais il ne saurait acquérir une trop grande hauteur, ni une largeur trop grande. Trop descendu entre les membres antérieurs, il abaisse le centre de gravité et rend moins libre le jeu des organes de locomotion ; trop élargi, il écarte les membres, détermine un développement latéral du corps d'où résulte, dans la progression, une oscillation où la force se perd, et la fatigue augmente sans profit. Dans un animal de boucherie, la poitrine, nous l'avons vu, ne peut être ni trop descendue, ni trop large.

La peau doit favoriser, par sa fermeté et sa résistance, le jeu des appareils locomoteurs. Il n'est pas besoin qu'elle soit rude et grossière, mais elle doit être d'une texture serrée, et s'appliquer étroitement à toutes les parties en accusant leurs formes. Les appendices cutanés participent à ces caractères et le tissu corné les présente également : les sabots acquièrent alors la dureté et la résistance dont ils ont besoin.

Il est facile de comprendre que les exigences d'une telle conformation sont tout à fait autres que celles dont nous avons justifié la nécessité chez les meilleurs animaux de boucherie. La forme parallélipipédique ou même cylindrique du corps, la disproportion entre le volume exagéré du tronc et la dimension réduite des membres, l'atténuation du système osseux, la finesse propre du système cutané et des parties qui en dépendent, la délicatesse des attaches, notamment celle de l'encolure avec la tête, la nature des tissus, la proportion des parties, tous les caractères essentiels qui forment le type des machines les mieux organisées pour la boucherie, sont précisément ceux qui ne doivent pas se rencontrer dans les machines les plus propres à donner du travail.

Cette opposition organique dérive d'une opposition physiologique résultant fondamentalement d'une différence dans le mode de développement des animaux, et se rattachant, par suite, à une différence dans l'ampleur de la cavité thoracique.

Nous savons, en effet, que les lois du développement des jeunes animaux ont pour conséquence la formation rapide du tronc, son ampliation, la subordination des autres parties, l'aptitude à prendre la graisse, quand ces lois naturelles sont, d'ailleurs, aidées dès la naissance par une alimentation substantielle et constamment abondante. Les effets d'un tel régime sont d'autant plus certains et marqués que tous les soins d'élevage concourent mieux au même but, et que l'habitude fortifie plus la nature. Les animaux prennent ainsi des aptitudes tout à fait en harmonie avec leur conformation, ou, ce qui est plus exact, la conformation répond complétement aux tendances physiologiques qui se prononcent, et la machine se constitue dans sa spécialité de machine à produire de la viande et de la graisse. Les mêmes pratiques auront toujours les mêmes résultats ; en les adoptant on ne formera jamais d'autres machines animales, et, par conséquent, on n'obtiendra jamais les machines de travail.

Celles-ci, pour prendre naissance, exigent une bonne alimentation, mais de telle nature et dans une mesure telle qu'elle ne nuise pas au développement de tous les éléments de leur force, leviers et muscles. Un certain exercice leur est favorable, parce qu'il sollicite leurs puissances locomotrices, appelle la vie dans les appareils du mouvement et éveille leur énergie; en un mot, leur formation doit être soutenue, mais elle ne doit pas être engagée dans la voie d'un développement hâtif. Aussi leur poitrine et leur tronc tout entier ne sauraient-ils prendre les dimensions qu'ils acquièrent chez les animaux de boucherie les mieux caractérisés, et caractérisés essentiellement par la précocité. Toute leur conformation suit cette direction première : le système osseux gagne plus de force; les membres ne sont pas annihilés; l'animal a moins d'étoffe, mais il accuse la vigueur unie à une certaine liberté d'allure. Les aptitudes sont aussi tout autres; elles se résument en une énergie plus grande, servie par des muscles volumineux, dont les fibres multipliées déterminent une contraction musculaire puissante. Chez les animaux de boucherie, le volume des muscles ne pourrait produire le même effet, car l'énergie manque, et quand bien même l'énergie serait égale, elle n'agirait que sur des leviers faibles, alors que la résistance à vaincre est précisément beaucoup plus considérable; l'effet utile serait donc borné et presque nul. A la plus grande énergie chez les animaux de travail correspondent des poumons plus développés.

L'animal de boucherie mange, rumine et réclame le repos; l'animal de travail reste vif, dispos, et appelle l'action. Mis au harnais, l'animal de boucherie fatigue plus et dépérit plus rapidement que l'animal de trait, pour produire moins de travail; mais il est toujours un meilleur utilisateur de sa ration. Cette vérité est méconnue ou oubliée des éleveurs, en général, pendant tout le temps où les animaux restent en leurs mains; mais elle se révèle à eux, en partie, au moment où ils vont conduire sur le champ de foire les bêtes qu'ils enlèvent à la charrue; le soin qu'ils prennent alors de *parer* leurs animaux est un hommage incomplet qu'ils

leur rendent. L'engraisseur, en effet, va juger ces animaux d'après leurs facultés à convertir les fourrages en chair et en graisse; il préférera les bœufs *tendres* aux bœufs *rustiques*, les bœufs de *nourriture* aux bœufs de *charrois*, c'est-à-dire qu'il payera plus cher les bœufs les plus jeunes, les mieux nourris, les plus ménagés ou les plus paresseux. D'autre part, l'éleveur qui veut obtenir des bœufs *tendres* nourrit bien et ne fait pas travailler ses bœufs.

L'opposition complète qui existe entre la conformation des animaux de boucherie les plus parfaits et celle des meilleurs animaux de travail peut, nous l'avons vu, se rattacher au développement de la poitrine, comme au caractère dominateur de tout l'organisme; elle est liée à un antagonisme absolu entre les aptitudes des uns et les aptitudes des autres; conformation et aptitudes ont pour cause une différence première dans le mode d'élevage, favorisant dans un sens différent la marche du développement des animaux. Aussi l'éleveur peut choisir la voie où il est préférable pour lui de pousser ses animaux; mais il ne doit pas espérer réunir chez un même animal la perfection des deux types que nous comparons, et entre lesquels existe une incompatibilité de but, d'origine, de moyens.

Cette incompatibilité n'est pas seulement physiologique, elle est en même temps économique. Par suite de leur activité propre, de la puissance de leurs facultés d'assimilation, les animaux de boucherie les mieux organisés ont une formation, un accroissement, un engraissement rapides; ils atteignent promptement le terme de leur développement; mais ils ne peuvent produire de travail. L'éleveur ne peut donc en attendre d'autre profit que le gain vif, et il pousse incessamment ces animaux vers leur maturité la plus hâtive, il les maintient toujours au meilleur régime, pour arriver à les abattre ni trop tôt, ni trop tard, mais juste au moment où ils auront atteint leur maximum de rendement. La *précocité*, qui est le caractère physiologique fondamental des machines à viande les plus parfaites, est donc aussi la condition de leur valeur économique propre pour le producteur. Il serait superflu de dire qu'elle répond aussi aux besoins pressés de la consommation.

Au contraire, les bons animaux de travail ne peuvent être des animaux précoces, ni physiologiquement, ni économiquement. Je viens d'indiquer les raisons physiologiques; le point de vue économique conduit aux mêmes conséquences. Ce n'est pas dans les premières années de la vie que la force de l'animal est suffisante pour accomplir les travaux qu'on exige d'une bête de labour et de charrois. S'il est permis de demander quelques services aux jeunes bœufs, c'est que, le travail coûtant cher, l'éleveur veut chercher à diminuer les dépenses de nourriture et d'entretien, sans jamais croire pourtant qu'elles sont payées par le travail imparfait des jeunes. D'ailleurs, un exercice modéré est favorable au développement de la force et de l'énergie: il complète l'ensemble des pratiques propres à communiquer à l'animal les qualités pour lesquelles on l'élève; il commence son éducation, développe son adresse. Mais ce n'est que lorsqu'il a atteint la force de l'âge adulte que l'animal de travail possède la plénitude de ses moyens, et qu'il donne tout son rendement utile. Il est, sans doute, dans l'intérêt de l'éleveur de rapprocher le terme de ce développement; mais le but même qu'il veut atteindre s'oppose à ce qu'il le précipite. Il s'oppose aussi à ce qu'on se défasse trop vite d'un animal qui remplit bien sa tâche, qui donne beaucoup de travail et un travail de qualité supérieure, parce qu'il a acquis son maximum de force et d'habileté. D'ailleurs, en prenant des bœufs faits et en les gardant longtemps, l'éleveur échappe aux mécomptes, aux difficultés et aux dépenses qu'entraînent le travail, le dressage et l'entretien des jeunes animaux. Il est donc dans la destinée du bœuf de travail d'arriver tard à la boucherie. Mais il ne s'ensuit pas que l'époque de son abatage doive être trop reculée, car on risquerait de ne pouvoir tirer aucun parti des facultés digestives d'un animal vieilli et fatigué, qui ne saurait jamais être, quoi qu'on fasse, un utilisateur aussi avantageux que la bête parfaite de boucherie.

Cette manière de voir semble être en contradiction complète avec l'opinion qui considère et appelle comme un progrès l'abatage moins tardif des races bovines. Le désaccord subsiste, en effet, si le progrès dont il s'agit prétend s'accomplir par l'union inconciliable de la plus grande aptitude au travail avec la plus grande aptitude à l'engraissement, et si les éleveurs cherchent à obtenir, des mêmes animaux, la même somme de rendement utile qu'ils retireraient de l'emploi de deux animaux également parfaits, chacun dans sa spécialité. Dans ce cas, la prétendue précocité relative sera achetée par une consommation très-coûteuse et un travail imparfait et dispendieux. Mais le désaccord cesse, si le progrès résulte d'une amélioration dans l'alimentation des animaux coïncidant avec l'emploi d'instruments de travail et de transport plus parfaits, avec l'amélioration des routes, en un mot, avec des modifications importantes du milieu. La perfection idéale des conditions d'exploitation ne consiste pas dans la réunion des plus grandes difficultés à vaincre : chemins escarpés, parcours à travers les bois sans sentier tracé, routes défoncées, bourbeuses, impraticables, engins pesants, incommodes et grossiers. Vanter une race qui sait se tirer d'un pareil pas, c'est faire l'éloge des bêtes, mais ce n'est pas faire celui du cultivateur, de sa capacité industrielle. Avec des conditions moins rudes, le bœuf ne reste pas moins un animal de travail; seulement la somme d'efforts et d'énergie qu'on lui demande diminue, et il s'éloigne moins des animaux de boucherie, parce que des améliorations notables peuvent être alors obtenues sous le rapport de la conformation et de la précocité. C'est dans ce sens qu'il faut désirer que l'époque de l'abatage des bœufs de travail soit le moins retardée possible. Il ne faut jamais oublier en effet que, même quand il est parfait pour le travail, le bœuf doit finir à l'abattoir.

La conclusion pratique à tirer de l'impossibilité de concilier physiologiquement et économiquement les caractères des meilleurs animaux de boucherie et ceux des meilleurs animaux de travail, c'est qu'il est préfécable, dans tous les cas, de tenir côte à côte, dans la même exploitation, des bêtes pour le travail et des bêtes pour l'engrais. Ces bêtes de travail seront-elles des chevaux ou des bœufs? Ce n'est pas ici le lieu d'examiner cette question. Il suffira de dire, d'une manière générale, que le travail des bœufs restera le plus avantageux dans beaucoup de cas, là, notamment, où la configuration du sol l'appelle, là aussi où l'exigence du cheval comme consommateur et son infériorité comme producteur d'engrais ne sont pas compensées par les avantages de sa vitesse ou de sa valeur commerciale.

Les exploitations trop peu étendues pour que l'entretien simultané de bêtes de travail et d'animaux d'engrais y soit possible n'échappent pas à l'application de ces principes, car la nature des choses ne change pas pour elles; mais elles peuvent arriver au même résultat par d'autres procédés. Telle pourrait être, dans certains cas, l'association d'un petit nombre de voisins; telle serait encore la location des animaux, ou l'exécution des travaux à l'entreprise, par une combinaison analogue à celle qui conduit aujourd'hui les machines à battre de commune en commune. Une fois le principe reconnu, l'esprit industriel ne sera pas embarrassé pour trouver une solution. Le profit grandirait pour tous. La production d'animaux de nature différente se localiserait dans les pays les mieux placés pour leur élevage, ou resterait distincte dans les domaines les mieux conduits; leur exploitation s'individualiserait dans chaque centre en raison des besoins.

Une des conséquences les plus directes et les plus heureuses de cette organisation serait la diminution des bêtes de travail. L'idée de mesurer les progrès agricoles par le nombre de têtes du bétail entretenues sur une surface donnée est, à mes yeux, une des plus fausses et des plus fâcheuses; elle fait passer la quantité avant la valeur; elle maintient les producteurs dans cette pensée, où ils sont trop malheureusement enclins à persister, que le succès et le profit sont plus dans l'étendue de leur domaine que dans la concentration de leur puissance; plus dans la produc-

tion quand même que dans l'amélioration des moyens de production. De même que le rendement en céréales s'élève bien davantage quand les agents de fertilisation sont appliqués sur une surface restreinte que lorsqu'ils s'éparpillent sur une étendue trop grande, ainsi les produits des animaux sont bien plus avantageux, pour la quantité et pour la qualité, avec un bétail bien nourri qu'avec un bétail nombreux; le fumier, tout particulièrement, est plus riche, plus abondant et coûte moins cher; l'amélioration générale peut suivre l'amélioration du bétail; c'est là une conséquence logique et capitale. Aussi, dans la majorité des cas, le conseil que la zootechnie doit donner à ceux qui veulent faire le premier pas vers la perfection, c'est de diminuer le nombre des animaux.

Aujourd'hui presque toutes les races bovines sont soumises à un mode d'élevage qui a pour point de départ l'utilisation des animaux comme bêtes de travail, avec la prétention plus ou moins avouée d'en faire plus tard d'excellentes bêtes de boucherie. Le travail étant le plus coûteux de tous les produits que donne le bétail, l'éleveur songe à tirer parti le plus tôt possible de ses animaux; il attèle un grand nombre de bêtes de tout âge, qui se fatiguent et s'annihilent mutuellement pour donner un travail imparfait; il est obligé de répartir ses ressources fourragères entre des animaux nombreux, de mesurer la ration à ses bêtes. Il façonne ainsi des animaux sobres, qui ne peuvent être que des consommateurs très-prodigues quand arrive la mise à l'engrais, et dont la vie se passe à chercher ainsi leur assiette dans un milieu convenable sans jamais le trouver. Cette disproportion entre le nombre des animaux de travail, les fourrages à consommer et le travail à accomplir, force l'éleveur à envoyer beaucoup de veaux trop tôt à la boucherie; elle lui fait payer cher un petit travail, un maigre fumier, et entretient la pauvreté combinée de la culture et du bétail.

La diminution des animaux de travail, en proportion de leur supériorité d'aptitude, laisserait disponible une somme de fourrages suffisante pour nourrir des bœufs plus précoces, qui en tireraient un meilleur parti, et se placeraient plus avantageusement sur le marché. Un fumier plus abondant et plus riche serait produit plus économiquement, et recueilli tout entier, sans perte, sur les chemins et sur les champs. L'amélioration du sol commencerait par la base ; elle s'engendrerait de l'amélioration des animaux, qui se compléterait elle-même par l'augmentation des ressources fourragères. Le problème de la perfection agricole resserait d'être un cercle vicieux.

Nous allons voir les mêmes principes découler de faits du même ordre et pousser aux mêmes conséquences, en étudiant le troisième type que peut nous offrir l'espèce bovine : celui des animaux les plus parfaits pour la production du lait.

Type des animaux laitiers.

La sécrétion du lait est le phénomène qui caractérise l'activité des glandes mammaires chez les femelles. Dans les prévisions de la nature, le lait est destiné à l'alimentation du mammifère pendant les premiers temps de sa vie ; l'activité des mamelles dure autant que l'état d'imperfection où se trouve le nouvel être ; elle s'éteint au moment où le jeune peut se rendre indépendant de sa mère. Dans nos exploitations, le lait, outre cet emploi naturel, a d'autres usages qui répondent à des besoins divers : il est vendu pour être consommé en nature par l'homme, converti en beurre et en fromage, ou employé à l'engraissement des veaux. Entre nos mains, la femelle de l'espèce bovine n'est plus seulement une nourrice de son produit ; elle peut devenir une machine à laquelle on demande un surplus de production, une puissance plus grande ou une activité plus prolongée.

Toutes les vaches, à quelque type qu'elles appartiennent, doivent être capables de bien remplir le rôle de nourrice; mais toutes ne sont pas appelées à un rôle industriel particulier comme machines à produire du lait.

Celles qui sont le mieux appropriées à cette dernière destination doivent réunir un ensemble de caractères qui signale leur perfection. Quels sont ces caractères, et, d'abord, quelles conditions doit remplir une laitière pour être considérée comme une bonne machine industrielle?

On peut répondre, pour la machine à lait comme pour toute autre, que la meilleure est celle qui donne le rendement le plus élevé pour la dépense la plus faible. Mais en quoi consiste le rendement le plus élevé en lait? Est-ce la plus grande quantité possible ou la qualité la meilleure du produit? C'est là une question préliminaire à résoudre.

Le lait peut être considéré, du point de vue où nous nous plaçons ici, comme formé de trois ordres principaux de substances : les matières grasses ou butyreuses, qui donnent le beurre; les matières azotées ou caséeuses, qui donnent le fromage; et le sérum, la plus abondante de ces substances, et que l'on considère quelquefois, à tort, comme n'ayant d'autre valeur alimentaire que celle de l'eau.

Ce qu'on appelle communément la *qualité* du lait dépend de la proportion des matières butyreuses et caséeuses, et plus particulièrement des premières, qui entre dans une quantité donnée de produit.

En général, la qualité ainsi appréciée croît et décroît en sens inverse de la quantité de lait fournie par une vache. Ce fait, mis hors de doute par l'observation de tous les jours et de tous les pays, est la conséquence d'une loi générale de la nature, la loi du balancement des forces organiques, dont nous avons souvent à reconnaître l'influence dans l'étude de nos machines animales en fonction; il se constate quand on compare une vache à elle-même à différentes époques de sa lactation, et surtout quand on compare le produit d'une vache qui donne une quantité de lait exceptionnellement grande à celui d'une vache qui en donne excessivement peu. Mais, entre ces deux extrêmes, la quantité et la qualité se peuvent concilier en des moyennes qui répondent aux demandes diverses de la spéculation.

On ne peut considérer comme une bonne machine à lait la vache qui donne très-peu de lait, bien que ce lait soit riche, ni celle dont le lait est seulement séreux, bien qu'il soit surabondant. Même comme nourrices, ces femelles sont insuffisantes : l'une laisse son veau mourir de faim ; l'autre lui fournit un aliment qui le débilite au lieu de fortifier son développement. A plus forte raison ne peuvent-elles être utilisées comme machines à produire du lait : la première ne laisse rien à notre exploitation industrielle, et nous force même à donner une nourrice supplémentaire au jeune animal ; la seconde ne donne à la consommation qu'un mauvais produit, et devrait même être supprimée comme nourrice. Nous voulons trouver, chez les femelles que nous destinons à fonctionner comme machines à lait, l'union, en proportion convenable, de la quantité et de la qualité. Cette proportion peut varier suivant les cas.

J'ai rappelé plus haut que le lait reçoit deux destinations principales : il est vendu en nature, ou bien il est transformé en beurre et en fromage. Pour chacune de ces opérations il a une valeur différente. Il se vend moitié plus cher dans la première que dans la seconde, puisque, en moyenne, il vaut 10 centimes le litre quand il est converti en beurre et fromage, et 15 centimes quand il est vendu en nature. La valeur commerciale du lait pour l'engraissement des veaux se rapproche de celle qu'a le lait pour la fabrication du beurre et du fromage.

Nous sommes donc conduit à apprécier, sous ces deux rapports différents, la perfection de la machine destinée à produire du lait.

Quand il s'agit de vendre le lait en nature, spécialement pour les grands centres de consommation, la quantité est importante, car le commerce doit satisfaire à une demande considérable et incessante ; il est ainsi dans l'obligation de n'avoir que des vaches en pleine lactation, de renouveler souvent les vacheries, et, pour ne pas élever les frais d'entretien ni multiplier les soins, il cherche à diminuer plutôt qu'à augmenter le nombre de bêtes qui peuvent lui fournir le lait dont il a besoin. Le rendement le plus élevé par tête est ce qu'il cherche avant tout, et c'est pourquoi il préfère les races laitières de grande taille.

Ce n'est pas à dire que la meilleure laitière, même pour cette situation, sera celle qui donnera la plus grande quantité absolue de lait, abstraction faite de la qualité ; j'ai déjà réfuté cette exagération, et l'on comprend de reste que la quantité requise est celle qui s'allie avec une qualité suffisante.

Lorsque le lait doit être employé à la fabrication du beurre et du fromage, la question de qualité domine, puisqu'il s'agit de retirer la plus grande somme de produits avec le moins de manipulations possible. Mais il est clair, cependant, que la quantité n'est pas indifférente, car on ne pourrait fonder une telle spéculation sur des rendements trop faibles.

Quels sont les nombres limites entre lesquels la richesse peut osciller par rapport à la quantité maxima, pour le premier cas ? Quels sont ceux entre lesquels l'abondance peut varier par rapport à une qualité supérieure, pour le second ? Ce n'est pas ici le lieu de poser les bases de chacune des deux spéculations. Nous voulons seulement chercher, en nous appuyant sur les considérations qui précèdent, s'il est une formule applicable à tous les cas, qui permette de comparer et de classer les animaux au point de vue de la production du lait, en tenant compte de la quantité et de la qualité.

Le moyen pratique employé pour apprécier la qualité du lait consiste, on le sait, à déterminer combien il faut de mesures du liquide pour obtenir un poids donné de beurre. Mais, pour être exacte, cette détermination demande à être faite avec certaines précautions. Je ne veux pas dire seulement que les échantillons doivent provenir de vaches offrant les mêmes conditions d'âge, de lactation, ni que tous les soins de fabrication doivent être égaux pour que les résultats soient comparatifs ; je veux dire encore et surtout que l'expérience doit embrasser une durée suffisante de rendements par chaque vache ou par chaque race, de manière à pouvoir faire porter la comparaison sur l'ensemble des produits d'une année entière, en calculant le rendement, quantité et qualité, par jour moyen. Nous sommes, en effet, dans la nécessité de nourrir la vache durant les 365 jours de l'année, et c'est seulement en rapportant le rendement comme la consommation à chacun de ces 365 jours que nous pouvons apprécier la valeur de l'animal. On donne un renseignement insignifiant en lui-même, et dangereux par les conséquences qu'on en peut tirer, quand on se contente d'indiquer la quantité de lait ou de beurre obtenue durant un jour, une semaine ou un mois. Il peut s'établir, et il s'établit, pour une période plus longue, des oscillations et des compensations qui modifient les résultats dans ce qu'ils ont de vraiment caractéristique.

C'est cependant d'après les données les plus incomplètes qu'on a coutume de se faire une idée du rendement des vaches laitières et d'établir les comparaisons. On dit, par exemple, que telle vache donne, par jour, 14 litres de lait, et que telle autre en donne 23 litres, sans indiquer ce qu'on entend par ce rendement d'un jour. Évidemment ce ne peut être celui d'un jour moyen sur une année entière de production, car des quantités prodigieuses de plus de 5,000 et de 8,000 litres de lait par an n'ont été recueillies que dans des circonstances tout à fait exceptionnelles, si même elles l'ont jamais été. Il ne s'agit donc ici que du rendement d'un jour quelconque, pris capricieusement dans la période de l'activité mammaire, et qui ne peut servir à donner la mesure exacte de cette activité. Le rendement de 14 litres et celui de 23 litres peuvent être précédés ou suivis de rendements plus ou moins élevés, croître ou décroître suivant des lois différentes, et sont, par conséquent, tout à fait insuffisants pour caractériser chacune des deux vaches dont il s'agit.

Le renseignement n'est ni plus précis ni plus complet quand on fait connaître le poids de beurre obtenu d'une quantité de lait arbitrairement choisie; quand on ajoute, par exemple, que les 14 litres de la première vache ont donné 760 grammes de beurre, tandis que les 23 litres de la seconde en ont fourni 1,100 grammes. Les observations que je viens de faire à propos des renseignements relatifs à la quantité s'appliquent à ceux qui regardent la qualité : les uns et les autres se rapportent au rendement d'un jour indéterminé, sur lequel on ne peut baser aucune opinion, asseoir aucune comparaison; ils restent entachés de la même infidélité et inutilité radicale.

C'est encore un procédé souvent suivi et également inexact que d'apprécier la valeur d'une vache d'après la richesse spécifique de son lait. Une vache qui donne, comparativement à une autre, une quantité moindre de lait, fournit un lait plus riche, mais il ne s'ensuit pas qu'elle soit supérieure par son rendement total, et, par conséquent, par son produit réel, même en beurre. Ce serait une erreur de croire que, dans le lait, la richesse soit rigoureusement en raison inverse de la quantité. Ainsi, en admettant que les chiffres dont je viens de me servir pour les deux vaches que j'ai citées comme exemples représentent fidèlement la quantité et la qualité de leur rendement, l'une donnerait 1 kilogramme de beurre pour 18 litres de lait, tandis que l'autre ne donnerait ce kilogramme de beurre qu'avec 21 litres; le lait de la première est donc spécifiquement plus riche que le lait de la seconde. La première fournit par jour 14 litres de lait et 760 grammes de beurre; la seconde, d'après la richesse relative de son lait, donnerait ces 760 grammes de beurre avec 16 litres de lait; or son rendement par jour étant de 23 litres de lait et 1,100 grammes de beurre, elle donne donc, dans le même temps, plus de lait et plus de beurre que la première, elle est donc supérieure à la première, tout spécialement pour la production du beurre. Ce n'est pas la conséquence à laquelle on serait arrivé si l'on n'eût comparé les deux vaches que pour la richesse propre de leur lait en substance butyreuse.

La seule méthode qui puisse conduire à la connaissance du rendement véritable en lait et en beurre consiste donc, comme je l'ai déjà dit, à constater directement la quantité de lait et de beurre obtenue durant une longue période, de manière à pouvoir rapporter le rendement à une année ou à un jour moyen. Il va sans dire que, pour la machine à produire le lait comme pour toute autre, la consommation doit être appréciée par rapport au rendement, et qu'on ne dit rien de clair sur la valeur d'une vache laitière quand on désigne la quantité et la qualité du lait qu'elle fournit, sans ajouter immédiatement à quel régime elle est soumise.

Pour comparer plusieurs vaches laitières entre elles sous le rapport de leur valeur absolue, il faut prendre les rendements individuels ainsi constatés, et les ramener tous à une même richesse et à une même consommation; on tient compte de la sorte de tous les éléments essentiels de la comparaison : quantité, qualité du produit et dépense faite pour l'obtenir.

Il est rare que toutes ces conditions d'une étude vraiment comparative soient remplies. Quand on ne se contente pas d'indiquer un seul rendement quotidien, pris au hasard, on établit trop souvent le rendement annuel d'après des données vagues et évidemment erronées. Que penser, par exemple, de ces calculs qui veulent arriver à établir le rendement annuel en admettant qu'une vache a donné 15 et 16 litres de lait par jour durant neuf ou dix mois? Quelle foi ajouter à ceux qui supputent ce même rendement annuel en prenant pour base un rendement quotidien de 22 litres durant les trois mois qui suivent le vêlage, de 16 à 18 litres durant le second trimestre, et ainsi de suite par période successive jusqu'à un produit final fabuleux? C'est surtout pour les rendements en lait que l'on est le plus porté à l'exagération, et que le contrôle de l'expérimentation directe est le plus nécessaire. Heureusement nous possédons quelques séries d'observations propres à ramener les idées dans de justes limites et à caractériser la plupart des races bovines; telles sont celles qui ont été publiées par Wckherlin, par l'Institut d'Hohenheim, et celles que MM. les Directeurs de nos écoles agricoles de Grignon et de La Saulsaye ont bien voulu recueillir à ma demande. Je ferai usage de ces documents précieux en traçant l'histoire de chaque race, et surtout pour l'étude comparée des races, dans le dernier chapitre de cet ouvrage.

L'aptitude à produire du lait, quand elle est développée au point de devenir la faculté dominante de la machine animale, exige, comme toutes les autres aptitudes, certaines dispositions physiologiques particulières, et se manifeste par une association de caractères déterminés. L'ensemble de ces caractères constitue un type aussi distinct que le sont les deux types que j'ai précédemment étudiés. Il faut remarquer, cependant, que la faculté laitière reste, plus que toute autre, soumise à l'influence de l'hérédité, qu'elle est, dans une certaine mesure, plus individuelle, et que, dans le choix des animaux en vue de la production du lait, il faut particulièrement insister sur la généalogie avant de s'en rapporter à la conformation.

On peut définir d'un mot le type des animaux laitiers, en disant que tous les caractères en doivent être *féminins*. En effet, la sécrétion du lait est un attribut si exclusivement propre à la femelle, c'est chez elle une fonction si intimement liée à toutes les autres fonctions, ou plutôt si prépondérante, et en quelque sorte si absorbante dans sa destinée de mère et de nourrice, qu'elle doit, quand elle devient plus active, exagérer tout ce qui constitue l'essence même de la femelle, tempérament et organisation.

Cette nature féminine se révèle par la qualité des tissus, par les proportions des parties, par l'habitus général de l'animal, et, plus particulièrement, par le développement de l'appareil mammaire et de ses annexes.

Dans la femelle, comparativement au mâle, et dans les races laitières, comparativement aux races qui ne le sont pas, le système osseux prend plus de finesse générale et plus de délicatesse. Ces caractères se prononcent surtout et s'apprécient aux extrémités. La tête est légère et déliée; elle a plutôt une certaine tendance à s'allonger en s'amincissant qu'à s'élargir, principalement dans la région des cornes, comme cela arrive chez le taureau. Les membres sont fins et paraissent même être grêles, parce qu'ils prennent plus de longueur par rapport au tronc. La queue est mince et délicatement attachée à la colonne vertébrale par sa base.

Le système cutané et ses appendices sont, comme toujours, en harmonie avec ces caractères de l'ossature. La peau est d'une texture serrée et assez ferme; mais elle est en même temps douce, souple, mobile sur un tissu cellulaire suffisamment moelleux sans être lâche, suffisamment résistant sans être rempli. Là où elle est libre, comme aux oreilles, elle trahit sa délicatesse par sa transparence. Elle est couverte de poils fins, doux et lisses sans être mous, conservant ces caractères même sur le front, et restant ainsi dans les données générales du type féminin. Les orifices naturels du corps sont entourés d'un duvet court et soyeux. Nulle part ne se montrent de ces poils crineux, qui indiquent toujours quelque grossièreté et rompent l'uniformité du pelage.

Les cornes prennent les dimensions propres à la race; mais elles sont, comme les éléments du squelette, plutôt disposées à s'effiler qu'à s'épaissir; elles participent d'ailleurs, ainsi que les sabots, à tous les caractères des poils, et elles indiquent cette conformité de nature par la finesse de leur tissu, la netteté de leur teinte, le brillant de leur surface.

Malgré cette délicatesse générale de l'ossature et des téguments, les formes sont anguleuses plutôt qu'arrondies, les saillies osseuses sont apparentes, et quelquefois elles s'accusent si complétement à l'extérieur, qu'on peut suivre tous les détails anatomiques des parties à la tête, aux rayons des membres, à la queue, à la colonne vertébrale, aux côtes, aux hanches, et principalement à la région de l'épaule.

Quand l'émaciation se prononce avec quelque excès, il importe de savoir si elle a pour cause une atrophie constante des muscles et une inaptitude absolue à l'engraissement, ou si elle provient seulement du peu de développement actuel des masses musculaires et de l'état de vacuité du tissu cellulaire, produits par l'énergie du travail sécrétoire des mamelles.

Il ne faudrait pas croire que l'oblitération des tissus, l'émaciation acquise et la réduction du corps à l'état de squelette soient les signes nécessaires de la supériorité des animaux pour la production du lait. Il ne faudrait pas admettre, avec certains auteurs, que plus se prononcent les saillies osseuses, plus les fonctions de lactation sont actives; il ne faudrait pas aller chercher des indices favorables jusque dans les moindres dépressions que découvre la maigreur des parties, comme le font, par exemple, quelques marchands de la région de Paris, pour les fossettes qui se creusent entre les apophyses acromienne et coracoïde, vers la pointe de l'épaule. Les opinions fondées sur ces exagérations viennent de ce qu'on a confondu des vices de conformation, résultant d'une surexcitation maladive de la sécrétion du lait, provenant même d'un mauvais régime ou d'une mauvaise origine, avec les conséquences physiologiques de l'activité prédominante mais réglée des mamelles.

En effet, quand ces organes appellent et concentrent en eux le sang et la vie, quand ils utilisent les matières alimentaires au profit de leur travail propre, ils naissent d'autant à la nutrition des autres organes, en vertu de cette loi du balancement des forces vitales que j'ai déjà si souvent invoquée. Les muscles ne peuvent donc rien gagner; ils réparent tout au plus leurs pertes, et la graisse ne peut former de dépôts importants. Aussi la musculature peu accusée et l'absence d'embonpoint sont-ils des caractères qui coïncident avec la grande activité des glandes mammaires. Mais cet effacement des muscles et cette maigreur ne tiennent pas à une réduction constitutionnelle des fibres et du tissu adipeux; tous les éléments de la production de la viande et de la graisse existent à l'état passif, en quelque sorte; ils attendent seulement que le courant de la nutrition leur revienne pour entrer à leur tour en action.

C'est dans ces termes qu'il faut interpréter et juger l'état des vaches laitières. On sort des limites du type quand on prend pour signes caractéristiques la gracilité des muscles, leur étroitesse, leur aplatissement, notamment dans la région des fesses et des cuisses. Les muscles et le tissu graisseux doivent être momentanément subordonnés : ils ne doivent pas être nuls. Il y a, comme je l'ai dit avant d'entrer dans l'examen des types, un fonds commun d'organisation qu'il faut retrouver chez tous les animaux de nos races bovines, comme indice de leur bonne santé, de leur développement normal, de leur éducation soignée, de leur alimentation constamment réparatrice, et, de plus, comme garantie de leur aptitude à devenir enfin, conformément à leur destinée, de suffisants animaux de boucherie, après avoir rempli le rôle que leur assigne leur faculté dominante.

Les proportions des diverses parties du corps entre elles doivent répondre aux qualités générales des tissus : elles doivent aussi être féminines. Le tronc ne présente pas dans toute sa longueur la forme cylindrique continue, encore moins la forme parallélipipédique qui distingue les meilleurs animaux de boucherie : il a plutôt la forme d'un tronc de cône ou d'un tronc de pyramide, dont la grande base serait placée à la partie postérieure, la petite à la partie antérieure du corps : aussi l'avant-main est léger relativement à l'arrière-main très-ample. Ce rapport est celui qui caractérise essentiellement la conformation de la femelle ; il est inverse de celui qui est propre à l'organisation du mâle. Il s'explique par le développement que prennent les organes de la région postérieure du corps, le bassin et l'appareil mammaire, qui répondent aux grandes fonctions que la femelle accomplit comme mère et comme nourrice.

Le développement de ces organes s'apprécie par la longueur des lignes qui mesurent les dimensions de l'arrière-main en tout sens : par la distance qui sépare les angles externes des deux ilium et des deux ischium d'un côté à l'autre, par celle qui sépare la pointe iliaque et la pointe ischiale de chaque côté, par l'écartement des membres postérieurs. Plus ces lignes s'allongent, plus se prononce le caractère spécial de l'organisation de la femelle, et plus augmentent, par conséquent, les probabilités favorables à une constitution laitière puissante. La croupe et le ventre doivent offrir les formes générales que j'ai précédemment signalées comme devant se rencontrer chez tous les animaux, quelle que soit leur destination. Ce serait une erreur de considérer une croupe courte et déclive, un ventre pendant, comme des caractères du type laitier ; si ces caractères se rencontrent dans des races remarquables pour la production du lait, ils ne tiennent en rien à la faculté particulière de ces races, et constituent même chez elles une imperfection.

A l'ampleur de l'arrière-main répond la légèreté de l'avant-main ; c'est encore là un trait d'organisation propre à la femelle ; mais il cesse d'être conforme aux lois qui règlent les rapports naturels des parties quand la légèreté devient excessive. Le plus ordinairement, cependant, dans la pratique comme dans les ouvrages sur la question, c'est précisément l'excès qu'on a pris pour la règle, et l'on a de la sorte complétement dénaturé la signification du caractère. C'est ainsi qu'on a recommandé, comme indice de l'aptitude à la production du lait, une poitrine étroite, manquant de profondeur, resserrée entre des côtes aplaties, laissant le garrot en saillie, s'attachant mal aux membres et à l'encolure, sanglée derrière des épaules minces. On a opposé à ce thorax réduit un ventre volumineux, et l'on a même cherché une explication physiologique à cette opposition dans une sorte d'antagonisme qui existerait, chez les femelles laitières, entre les fonctions respiratoires, localisées dans la cavité thoracique, et les fonctions digestives, localisées dans la cavité abdominale.

L'explication physiologique n'est pas plus fondée que ne sont exacts les faits dont elle veut rendre raison. Chez tous les animaux, les caractères dont il s'agit sont des défauts ; dans les races auxquelles on demande du lait, ces défauts, outre leur signification générale, doivent faire craindre tout spécialement l'épuisement qui peut être la suite d'une lactation énergique, et qui a une tendance fatale à se terminer par les plus graves affections de poitrine. L'observation quotidienne nous montre, d'ailleurs, que des vaches au thorax convenablement développé, aux côtes arrondies, aux formes suivies, sont d'excellentes laitières quand elles possèdent, d'autre part, les qualités essentielles du type. Des mensurations ont directement prouvé cette vérité pour des individus de races diverses.

La légèreté de l'avant-main n'a donc de valeur que comparativement à l'ampleur de l'arrière-main, et comme caractère de conformation propre à la femelle ; elle doit être relative et non absolue. Cette explication suffit pour repousser une exagération d'un autre genre dans laquelle tombent ceux qui demandent, pour le type laitier, un développement thoracique égal à celui qui caractérise les animaux les plus aptes à l'engraissement. Tous les faits d'observation, d'accord en cela avec la physiologie, s'opposent à cette assimilation. Comme j'ai essayé de le montrer en traçant le type des animaux de boucherie, l'ampleur considérable de la poitrine est la conséquence du mode particulier de développement suivi par ces animaux, dont la conformation spéciale reflète des conditions spéciales de fonctionnement. Pour admettre que leur organisation, dominée dans son ensemble et dans ses détails par le caractère de l'ampleur thoracique, puisse être identique à celle d'animaux doués de toute autre faculté, il faudrait admettre que la même cause ne produit pas les mêmes effets. D'ailleurs, je le répète, l'histoire des races bovines tout entière contredit l'identification qu'on voudrait établir entre les deux types des animaux de boucherie et des animaux laitiers.

En même temps que la région thoracique et tout le tronc restent moins amples, les extrémités prennent plus de longueur que dans le type de boucherie ; c'est une conséquence naturelle des lois qui déterminent les rapports des parties. Ainsi les membres sont plus hauts, plus détachés du corps ; l'encolure est mince, grêle même, surtout près de la tête, et paraît longue.

Tous ces caractères sont complétés, ou plutôt dominés, par ceux qui sont encore plus essentiellement féminins : par ceux qui sont propres à l'appareil mammaire.

L'activité d'un organe, et par conséquent son rendement en produit, étant en raison de son développement, il est clair que plus la glande qui sécrète le lait est volumineuse, plus la quantité de lait qu'on en peut tirer est abondante. Ce volume des mamelles est annoncé par les dimensions de l'arrière-main, comme je l'ai dit plus haut ; il s'apprécie directement par l'espace qu'occupe l'appareil lactifère, et par les proportions de chacune des parties qui le constituent.

La forme des mamelles importe peu : elles peuvent être développées dans le sens horizontal, d'avant en arrière et d'un côté à l'autre, et se relever sur la face ventrale, auquel cas on dit que le pis est *appliqué* ; elles peuvent aussi s'allonger dans le sens vertical, pendre entre les membres postérieurs en affectant une forme parallélipipédique à angles bien indiqués, ou la forme d'une bouteille, ou toute autre. Ce qui importe, c'est que, dans tous les sens et sur toute la surface où elles peuvent s'étendre, de la région périnéenne à la région ombilicale, elles se présentent sous la forme la plus compatible avec le maximum d'ampleur auquel elles peuvent atteindre. Les portraits de vaches laitières qui figurent dans l'atlas de cet ouvrage montrent sous quelles formes variées les belles mamelles se peuvent offrir ; je citerai surtout, comme des types fort remarquables, les vaches de Guernesey (Pl. XI), d'Ayr (Pl. XIV), d'Angeln (Pl. XXVII).

Si le volume des mamelles a la signification que je viens d'indiquer, c'est à la condition que tout l'espace compris sous la peau qui les enveloppe est réellement occupé par les éléments glandulaires, organes spéciaux de sécrétion. Un tissu cellulaire trop abondant ou chargé de graisse, formant ce qu'on appelle improprement un pis *charnu*, peut simuler un développement considérable des mamelles, mais réduit, en réalité, les parties actives et la valeur de l'appareil. Des indurations, dues à des causes maladives, ont à plus forte raison le même effet.

On peut apprécier, par l'exploration à l'aide de la main, la nature des organes mammaires, leur résistance à la pression, leur élasticité; mais on est bien mieux renseigné sur leur constitution et leur puissance, si l'on peut les observer avant et après la mulsion; c'est alors aussi qu'on peut le mieux déjouer les ruses grossières et cruelles par lesquelles les marchands cherchent à tromper l'acheteur. Avant la mulsion, tous les canaux excréteurs, les sinus sont gonflés de lait, les mamelles sont arrondies, la peau est distendue sans former aucun pli, et cependant, si cette accumulation du lait s'est produite dans le temps normal de la sécrétion, le pis n'est point douloureux. Après la mulsion, l'appareil, quand il est tout entier constitué par la glande, est complétement vide; il se rapetisse, s'affaisse, perd toute résistance; la peau, lâche et molle, retombe et se ride; la mamelle ne présente plus ni turgescence ni dureté.

Dans l'espèce bovine l'appareil lactifère, bien que se montrant extérieurement comme formé seulement de deux masses mammaires, consiste réellement en quatre mamelles ou quartiers distincts et indépendants, ayant chacun un trayon donnant issue au produit de la sécrétion. L'égalité de forme, de grosseur et d'écartement de ces quatre trayons, qui doivent tous donner du lait, indique l'égalité de développement et d'activité des quatre glandes auxquelles ils correspondent; leur volume est aussi en raison de la valeur de la vache comme laitière, car plus ils sont développés, plus cela prouve que, pour profiter de tout le lait que cette vache produit, on est forcé de la traire souvent et longtemps. Ordinairement les deux trayons postérieurs donnent plus de lait et sont plus gros que les deux trayons antérieurs, parce que le plus souvent les deux quartiers de derrière sont les plus développés.

Plus les trayons sont distants et divergents, plus aussi on peut croire à un grand développement des glandes mammaires, car c'est le volume de ces organes à leur base qui force leurs extrémités à s'écarter les unes des autres.

On considère souvent comme un signe favorable l'existence de deux trayons rudimentaires placés en arrière des quatre trayons normaux. Bien que ces appendices additionnels ne soient que des cæcums, on les regarde comme révélant une nature essentiellement laitière, dont toutes les tendances sont au développement des mamelles. Telle peut être, en effet, la signification de ces faux trayons, quand les véritables agents de la sécrétion lactée ont acquis, d'ailleurs, toute l'importance organique et fonctionnelle qui détermine seule la valeur de la femelle laitière. Mais il ne faut point leur attribuer une importance de premier ordre; ils ne peuvent pas plus suppléer à l'imperfection des organes dont ils prennent l'apparence qu'ils ne peuvent les suppléer dans leur rôle.

A tous ces caractères, tirés du volume, de la forme et de la nature des organes spéciaux de la production du lait, s'en ajoutent d'autres, qui concourent aussi à indiquer le degré d'activité de l'appareil sécrétoire. Ce sont les caractères que fournissent les veines superficielles de la région mammaire.

De ces veines, les unes rampent à la surface du pis, y décrivant des sinuosités, qu'elles dessinent en reliefs d'autant plus saillants et variés qu'elles sont plus remplies de sang et que la peau est plus fine. Les autres montent de la partie postérieure des mamelles vers la vulve, et courent en cordons flexueux du haut en bas de la région périnéenne. D'autres enfin naissent à droite et à gauche à l'angle externe des mamelles, et marchent d'arrière en avant le long du ventre jusqu'à l'appendice postérieur du sternum.

C'est à ces dernières veines qu'on a, de tout temps et en tout pays, attaché le plus d'importance pour l'appréciation de la valeur des vaches; c'est elles qu'on a désignées particulièrement comme *veines du lait*, comme *vaisseaux lactés* ou *lactifères*, dénominations inexactes, mais qui montrent à quel point on les considérait comme indice infaillible de la qualité laitière.

En réalité, ces veines, auxquelles leur position a valu en anatomie le nom de *sous-cutanées abdominales*, sont loin d'être en relation fonctionnelle exclusivement avec les mamelles. Bien qu'elles communiquent avec les veines *mammaires* par anastomose, elles ont surtout pour rôle de porter une partie du sang des régions pelvienne et crurale vers la région thoracique, vers la veine cave antérieure qui le verse au cœur. Elles n'indiquent donc pas, d'une manière directe, la quantité de sang qui a traversé l'appareil mammaire; mais elles sont, par leur développement, en rapport avec l'importance générale qu'a le système vasculaire dans l'économie de l'animal; elles fournissent donc un moyen de mesurer l'aptitude de la machine à produire le liquide nourricier, le sang, source où tous les organes de sécrétion, et les glandes mammaires en particulier, puisent les éléments de leur travail. C'est donc parce qu'il permet d'estimer jusqu'à quel degré prédomine le tempérament le plus favorable à l'énergie des sécrétions, que le volume de ces *vaisseaux lactés* a une signification importante.

Aussi, plus ils sont apparents, plus ils sont gros, larges, flexueux et variqueux, plus aussi on peut croire à la supériorité de la vache comme laitière. L'œil peut souvent juger de leur développement; mais la main l'apprécie plus sûrement, en les suivant depuis la mamelle, tout le long de leur trajet à la surface inférieure du ventre, jusqu'au point où ils se perdent en pénétrant dans le corps. Ce point, voisin du sternum, a reçu, dans la pratique, les noms de *porte et fontaine du lait*, de *fontaine du dessous*, conformément à la même idée qui a valu aux veines elles-mêmes la qualification de *vaisseaux lactés*. On comprend aisément que cette dépression terminale, que cette ouverture qui livre passage à la veine, s'agrandit d'autant plus que cette veine est plus grosse, et l'on peut, en y introduisant l'extrémité du doigt, mesurer le calibre du vaisseau. La pression qu'on exerce alors sur ce vaisseau en rapproche les parois, y arrête le passage du sang, le fait bientôt gonfler dans toute sa longueur, en accuse les sinuosités, et fournit ainsi un moyen de se renseigner sur son volume

et sa forme chez les femelles jeunes encore, ou chez les vaches taries. Quelquefois chacune des deux veines sous-cutanées abdominales se bifurque avant de disparaître; le nombre des *portes du lait* est alors de quatre, et l'on considère cette particularité comme favorable, pour les mêmes raisons qui ont fait attacher de l'importance à la grosseur du vaisseau principal.

Le nom si impropre de *fontaine du dessous* a été adopté par opposition à la dénomination plus impropre encore de *fontaine du dessus* ou *du dos*, appliquée à une sorte d'échancrure qu'on rencontre, dans quelques cas, entre les apophyses des vertèbres dorsales et celles des vertèbres lombaires. C'est parmi les nourrisseurs de Paris et dans la région où se répand la race flamande que cette dépression a été remarquée; d'un trait de conformation plus ou moins fréquent dans cette excellente race laitière, on a fait un caractère de la vache laitière en général, et, l'ignorance s'ajoutant à la routine, on a établi une corrélation, même une correspondance, entre les deux *fontaines du lait*. A supposer qu'il y ait là une particularité propre à une famille, à une souche de la race flamande, on ne pourrait y attacher quelque valeur qu'en y cherchant un signe de transmission héréditaire; mais par lui-même ce signe ne caractérise ni la race flamande ni le type laitier; la physiologie tenterait vainement de lui trouver une explication.

En résumé, la supériorité de l'appareil mammaire, indice essentiel de la supériorité de la vache laitière, consiste dans le plus grand développement complet et intégral de chaque partie. Il est inutile de faire remarquer que l'âge de l'animal et l'activité actuelle de la glande deviennent des différences dont il importe de se rendre compte. Tous les signes fournis par l'appareil de la sécrétion laitière et par le système vasculaire qui l'entoure sont nécessairement moins prononcés chez la génisse et chez la femelle normalement tarie, que chez la vache plus âgée et en plein lait. L'activité des mamelles n'est pas seulement sous l'influence de l'aptitude individuelle; elle est aussi sous la dépendance de certaines lois physiologiques qui régissent la fonction dans toutes les races et toutes les espèces.

Cet ensemble de caractères essentiellement *féminins*, dont j'ai cherché à apprécier la valeur, et qui sont propres à la bonne vache laitière, doit être accompagné de certains traits pour ainsi dire moraux, ayant la même signification et concourant à une même harmonie. La bonne laitière, la véritable femelle, est d'un naturel doux et placide; elle se laisse traire facilement; son œil est ouvert, calme et caressant; tout dans ses allures révèle la douceur, comme tout dans sa conformation trahit la délicatesse. Le mâle lui-même a un aspect plus féminin; il participe des caractères de sa mère tout comme il en transmet les aptitudes.

D'après cette caractéristique du type laitier, on voit que le tempérament des animaux qui la possèdent est celui qu'on a nommé sanguin-lymphatique, c'est-à-dire l'alliance d'une certaine énergie de bonne santé avec une certaine noblesse féminine; une tendance prédominante à la production abondante du sang, fournissant à une élaboration active par les organes sécrétoires; peu de rusticité, peu de résistance à la fatigue.

La conformation répond à cette nature particulière : outre qu'elle est essentiellement féminine, elle participe, dans une certaine mesure, des caractères des animaux propres au travail et de ceux des animaux aptes à l'engraissement. Elle ne présente pas la force des premiers, pas plus que le tempérament ne comporte leur énergie; mais elle s'en approche pour les dimensions de parties et les proportions générales, particulièrement pour ce qui est des extrémités relativement au tronc. Elle n'offre pas davantage l'ampleur de corps et la brièveté relative des extrémités qui distinguent les seconds, pas plus que l'organisme ne possède leur précocité; mais elle en reproduit en partie la délicatesse de structure, tout comme le tempérament en rappelle les tendances lymphatiques.

Ces ressemblances et ces différences dérivent principalement de la marche de développement suivie par les animaux laitiers. Ni l'alimentation, ni les soins qu'ils reçoivent dès le début de la vie, ni le choix des reproducteurs ne les doivent conduire aux aptitudes physiologiques ni aux formes propres aux animaux précoces. Leur régime, leur élevage, leur reproduction, ne doivent pas, non plus, être calculés de manière à leur communiquer les caractères et la vigueur des races travailleuses. Aussi, quand on examine dans quelles conditions de milieu ont pris naissance les races les plus remarquables comme laitières, on voit qu'elles se sont formées dans des climats frais, mais constants, principalement dans des climats marins, où la production de l'herbe est abondante et permanente. Là, en effet, les animaux trouvaient, avec toutes les influences qui prédisposent au tempérament lymphatique, mais robuste, une ration formée des fourrages les plus favorables à la sécrétion laitière. La richesse et l'abondance n'arrivaient pas au degré où la culture perfectionnée permet de les conduire. La tenue du bétail et sa multiplication restaient, d'ailleurs, voisines de l'état primitif; les résultats demeuraient donc contenus entre des limites qui les rapprochaient, dans une juste mesure, du type des animaux de boucherie et du type des animaux de travail.

De ce point de vue, on peut dire que la formation des races laitières est la plus avancée de celles qui pouvaient prendre naissance durant la période la plus ancienne de l'histoire des races bovines. Les races précoces de boucherie sont, comme je l'ai montré, un produit tout à fait industriel, qui ne saurait se rencontrer ni à l'état de nature, ni dans les conditions d'une agriculture pauvre ou encore attardée. Elles résultent de l'influence continue de certaines tendances exclusivement favorisées par l'homme; elles sont la personnification amplifiée du jeune animal, maintenu dans une certaine voie de développement. Les races laitières aussi, par cela seul que leur caractère essentiel est d'être féminines, reproduisent la constitution du jeune, mais dans les termes mêmes où les lois physiologiques applicables à l'espèce maintiennent la ressemblance. Plus de précocité les conduirait à se confondre dans le type de boucherie; plus de rusticité les assimilerait aux bêtes de travail. Dans l'un et l'autre cas leurs facultés spéciales s'atténueraient ou s'annihileraient. Ces rapports indiquent assez jusqu'à quel point le type laitier participe et doit participer des deux autres.

Appréciation des rapports entre les races laitières et les races précoces.

Dans les comparaisons qu'on a établies entre les races laitières et les autres, on n'a pas toujours reconnu ou respecté ces limites; on est arrivé à des confusions regrettables pour la pratique et que la physiologie repousse.

On a cru que les races à lait et les races précoces appartenaient à un même type fondamental; que la faculté de convertir les aliments en viande ou en graisse et celle de les transformer en lait sont identiques dans leur principe; que les deux productions sont soumises aux mêmes lois physiologiques, et entraînent, par suite, la même conformation.

Pour soutenir cette théorie, on s'est appuyé sur un certain nombre de faits, qui se résument tous dans l'alternance de la sécrétion du lait avec celle de la graisse. On a remarqué, par exemple, que la vache laitière maigrit après le vêlage, durant la lactation, et engraisse quand elle est naturellement ou artificiellement tarie; que le produit en lait diminue si la vache engraisse; que les vaches des races laitières deviennent bonnes bêtes d'engrais après avoir rempli leur rôle principal. Mais ce sont là des faits qui s'expliquent facilement par l'action des lois physiologiques, et qui ne se produisent pas seulement quand on compare la sécrétion du lait à celle de la graisse. Une vache qui travaille donne moins de lait; si on la met au repos son rendement s'élève. Un bœuf qui travaille n'engraisse pas; laissé à l'étable, il ne tarde pas à gagner du poids. Que ce soit sous l'influence momentanée ou persistante de certaines conditions physiologiques ou de certaines aptitudes; que l'impulsion parte de la nature ou de nous, dès que l'activité vitale se porte sur une fonction ou sur un organe, elle détourne à son profit une portion plus ou moins grande de la puissance vitale de l'organisme. Quand cette activité spéciale cesse, la puissance vitale revient aux fonctions ou aux organes d'où elle avait été un moment détournée.

Il est vrai que, d'après leur nature féminine, d'après les relations que cette nature implique entre le tempérament qui lui est propre et certaines aptitudes des jeunes animaux, les races laitières sont, plus naturellement que les races de travail, disposées à l'engraissement. Ce sont là des différences en plus ou en moins dans la facilité et la rapidité avec laquelle une fonction succède à une autre ou s'y substitue, eu égard à l'état de la machine animale; mais la production du lait et la production de la viande grasse n'en restent pas moins distinctes dans leur origine, dans leurs causes physiologiques, et, par suite, dans le mode d'élevage qui convient pour obtenir l'une ou l'autre, dans la conformation des animaux soumis à ces conditions diverses. C'est donc en dehors de toute notion physiologique qu'on a pu concevoir l'identification des deux types d'animaux laitiers et d'animaux de boucherie. C'est aussi en fermant les yeux aux faits d'observation les plus clairs qu'on a pu prétendre que la conformation de l'un et de l'autre est la même. Pour échapper à une telle confusion, il suffirait de comparer le groupe des races Durham, Hereford, Angus et Devon, très-faibles ou même absolument nulles comme laitières, mais supérieures comme races précoces de boucherie, au groupe des races Hollandaise, Schwitz, Flamande, Cotentine et autres, remarquables pour la production du lait.

À l'appui de cette prétendue identité des deux types, on a voulu trouver encore une preuve dans l'emploi semblable que l'un et l'autre feraient des matériaux fournis par l'aliment à l'activité de la machine. On a dit que l'assimilation, chez les animaux de boucherie comme chez les vaches laitières, porte sur des substances grasses et azotées; que ces substances sont la matière première du suif et de la chair grasse dans le bœuf d'engrais, du beurre et du caséum chez la vache laitière; qu'il y a là, par conséquent, similitude fondamentale de fonction, appelant une similitude correspondante d'organisation.

En admettant un instant que la composition immédiate des fourrages et des produits puisse être représentée par une formule chimique aussi simple, on ne peut aller jusqu'à considérer le lait et la viande grasse comme constituant une seule et même substance, comme dérivant d'un seul et même fonctionnement, comme mettant en jeu les mêmes appareils. Pour la transformation des matières grasses et azotées en lait, d'une part, en viande et en graisse, de l'autre, il faut que la machine animale soit préalablement disposée d'une façon différente; il faut que sa puissance physiologique et ses organes aient reçu une impulsion spéciale. Que penserait-on d'une théorie qui prétendrait que les appareils pour la fabrication du sucre et les appareils pour la distillation de l'alcool doivent être identiques, parce que les uns et les autres tirent de la betterave un produit ternaire formé des mêmes éléments? L'outillage doit être, avant tout, approprié au but, aussi bien quand il s'agit de machines animales que lorsqu'il est question de matières industrielles. C'est donc dans la nature entière des animaux que résident les différences caractéristiques de leur travail physiologique.

Sous un autre rapport, le rapprochement des deux types, fondé sur cette lointaine analogie chimique entre les produits donnés et les fourrages consommés, est également faux. En supposant que les substances azotées et les substances grasses représentent la matière première de l'élément que l'assimilation met en œuvre, ces substances, cette matière première, cette assimilation sont les mêmes pour l'animal de travail que pour la vache laitière et le bœuf d'engrais. L'animal de travail ne compose pas, il est vrai, avec cette matière première, un produit qui s'isole; mais les principes qu'il utilise sont ceux-là même que la vache laitière et le bœuf d'engrais emploient : la statique physiologique les retrouve

dans les produits de la nutrition de l'un, tout comme l'industrie les recueille dans les produits de la nutrition des autres. En appliquant la singulière logique suivant laquelle les animaux laitiers et les animaux de boucherie appartiendraient essentiellement à une même catégorie, il faudrait donc admettre que les animaux de travail viennent aussi s'y confondre avec les autres. Il n'existerait plus, dès lors, qu'un seul type, qu'une seule conformation pour les races bovines. C'est une simplification à laquelle la science ne peut pas plus souscrire que la pratique.

D'autres considérations, en apparence plus scientifiques, ont été invoquées contre la distinction fondamentale que je viens d'établir entre les trois types de l'espèce bovine agricole. Elles ont été présentées par M. Magne, et prétendent démontrer qu'il n'y a, pour les aptitudes, aucune disposition anatomique essentielle qui exclue les autres; que les diverses aptitudes découlent des mêmes conditions anatomiques et physiologiques; que les animaux de l'espèce bovine peuvent posséder, par conséquent, à la fois ces conditions d'où dérivent toutes les aptitudes. Voici comment cette manière de voir peut s'énoncer.

Il existe deux sortes d'appareils organiques : les uns essentiels, les autres secondaires. Les premiers remplissent des fonctions fondamentales; les seconds, des fonctions accessoires.

Les appareils essentiels, dont les fonctions sont fondamentales, sont les appareils digestif, pulmonaire et circulatoire.

Les appareils secondaires, dont les fonctions sont accessoires, sont, en particulier, l'appareil de la locomotion pour le travail; l'appareil de la sécrétion de la graisse pour l'engraissement; l'appareil de la sécrétion du lait pour la laiterie.

Quand les appareils essentiels fonctionnent bien, la digestion est complète, la respiration ample, la circulation régulière. Ils produisent alors un sang riche, qui est porté sur tous les points de l'économie, charriant avec lui tous les éléments réparateurs en même temps que les éléments créateurs.

Les appareils secondaires entrent alors en action; ils utilisent, ils élaborent les différents matériaux de ce sang, qui, du même coup, leur communique une grande activité et leur apporte des matières premières abondantes, de bonne qualité.

Donc, dès qu'un animal remplit bien ses fonctions de digestion, de respiration, de circulation, il est apte à tout fondamentalement.

Que faut-il faire pour en obtenir ensuite une bête de travail, une bête de boucherie, une bête laitière? Greffer les caractères secondaires sur cette base : — des reins larges, des cuisses garnies de muscles puissants, des articulations solides, pour le travail; — un train postérieur ample, un grand développement musculaire, pour la boucherie; — des mamelles volumineuses et recevant de gros vaisseaux sanguins, pour le lait. On obtiendra ainsi un animal qui donnera le meilleur produit, non pas simultanément, mais successivement.

Cette doctrine, que je résume dans les termes et suivant la forme adoptés par l'auteur lui-même, indique bien l'ordre du fonctionnement de la machine animale et des rapports généraux des appareils; on n'y voit point justifiée cette opinion, que les différentes aptitudes sont liées à un même ensemble organique. Il faut, sans doute, qu'un animal, quel qu'il soit et quel que soit son mode d'utilisation, jouisse de l'intégrité complète de ses fonctions vitales essentielles; il faut, comme je l'ai dit dès le début, qu'avant d'être bon à un service déterminé, il se porte bien; mais, avec cet excellent état de santé, si on le suppose dans les conditions où le place la théorie dont il est question, il s'entretiendra parfaitement sans rien produire; il sera un animal de ménagerie, et non de ferme. Exigez de lui un service quelconque, aussitôt l'équilibre théorique est détruit et la vie prend un cours particulier. Est-ce le travail que vous lui demandez? Le mouvement et l'emploi de ses forces appellent dans tous les organes locomoteurs ce sang préparé par les appareils fondamentaux, et le détournent, par conséquent, des autres appareils accessoires. En même temps son activité vitale s'accroît; il acquiert plus d'énergie, plus de force de résistance, plus de rusticité. Maintenez-le, lui et ses descendants, durant plusieurs générations, dans les mêmes conditions, et vous obtiendrez une famille, plus tard une race, dont la conformation comme le tempérament se sera particularisée. Pour prévenir ce résultat, pour revenir à l'équilibre idéal de la théorie, il faudrait diminuer le travail jusqu'à le rendre nul; vous vous trouverez alors en présence de l'engraissement et de la production du lait; or, comme ce qui est arrivé pour le travail se produira inévitablement pour l'un ou pour l'autre de ces deux modes de l'activité physiologique, comme le sang se portera et sera attiré vers des organes spéciaux dont il augmentera le volume et la puissance, vous arriverez encore, de ce côté, à une conformation, à un tempérament, à des tendances, à des aptitudes particuliers et distincts.

Les appareils que l'on désigne ici comme fondamentaux méritent bien cette épithète, en égard à leur rôle dans l'économie, à leur préexistence nécessaire, à leur indispensable intervention dans toute espèce de fonctionnement de la machine animale. Mais, pour l'exploitation zootechnique, ils n'ont qu'une valeur relative; ils ne seraient rien pour elle s'ils ne travaillaient pas au profit de ces appareils qu'on qualifie d'accessoires, et qui deviennent réellement les principaux. En définitive, les appareils fondamentaux ne nous intéressent que parce qu'ils sont les serviteurs obligés des appareils accessoires; nous ne les acceptons que parce qu'ils nous sont imposés comme condition physiologique du fonctionnement de ceux-ci; mais ceux-ci sont les seuls dont l'activité nous importe dans l'industrie du bétail, et leur activité implique des dispositions, une organisation particulières de l'animal.

En présentant les fonctions de respiration, de digestion, de circulation comme formant un fonds commun sur lequel se superposent les fonctions propres du travail, de l'engraissement, de la production du lait, on semble laisser croire que ce fonds est le même pour toutes les fonctions complémentaires.

Il n'en est rien.

Aux diverses fonctions, dites accessoires, et à leurs degrés divers d'énergie, correspondent des différences dans l'activité de l'organisme, par conséquent dans l'activité de la respiration, de la digestion, de la circulation. Le poids du corps, la taille, l'âge, le sexe, la dépense en force musculaire ou en mouvement, le repos, le sommeil, le régime, la température, la lumière, l'état hygrométrique de l'air, la pression barométrique, les impressions morales, les dispositions acquises, sont autant de causes qui font varier cette activité. Ces influences se combinent diversement pour le travail, pour l'engraissement, pour la production du lait; elles s'harmonisent de manière à former ce que j'appelle les conditions statiques de chacune de ces opérations. Dire qu'un animal accomplit régulièrement ses fonctions de respiration, de digestion, de circulation, ce n'est donc rien dire, en réalité, si l'on ne précise les conditions statiques dans lesquelles on entend placer l'animal. Ce qui est normal pour la bête d'engrais ne l'est pas pour la bête de travail, ni pour la bête laitière, et réciproquement. D'où vient, en définitive, l'infériorité d'un animal pour l'engraissement, par exemple? De ce que cet animal fonctionne comme un animal de travail, là où il devrait fonctionner comme un animal de boucherie. Le médecin ne constate aucun trouble physiologique dans les fonctions fondamentales; mais le zootechnicien se plaint de ce que la fonction accessoire soit si effacée; il regrette cette dépense à contre-temps qui ne lui donne ni produit ni profit.

Le travail, l'engraissement précoce, la production du lait sont donc des fonctions distinctes, qui deviennent dominantes pour peu qu'elles

soient actives. Chacune d'elles exige, de la machine animale, un genre propre d'activité, lui impose certaines habitudes physiologiques, certaines conditions organiques, qui appellent nécessairement des aptitudes et une conformation particulières.

Les trois types dont j'ai tracé les caractères si tranchés sont donc aussi différents que je les ai représentés, en m'appuyant sur la physiologie et sur les faits acquis à l'histoire des races bovines. De cette opposition d'aptitudes, de conformation, de rendement, résulte évidemment l'impossibilité d'obtenir à la fois, d'une même machine animale, d'une même race bovine, la plus grande somme de produits et de bénéfices pour la laiterie, pour l'engraissement, pour le travail. Aussi j'ai été conduit déjà à définir de la manière suivante la *perfection* en zootechnie :

La *perfection* est l'ensemble de tous les caractères qui répondent le mieux à une destination de l'animal; c'est la réunion des qualités qui, à l'exclusion de toutes les autres, rendent l'animal propre à une seule espèce de service; c'est la *spécialisation* des races.

La *spécialisation* des races, c'est-à-dire l'appropriation de chaque race à un genre unique d'emploi, tel est, à mes yeux, le terme qu'il faut montrer aux efforts de la production, comme pouvant seul réaliser, pour chaque aptitude, le maximum de perfection, c'est-à-dire constituer la machine à son maximum de rendement.

Depuis le jour où j'ai proposé un mot nouveau, à défaut d'autre, pour représenter l'idée de la perfection en économie du bétail, la *spécialisation* a été l'objet d'appréciations nombreuses. Le mot a été vite adopté et est passé dans le langage courant; mais le sens en a été souvent dénaturé ou incomplètement saisi; on a quelquefois oublié sur quelles bases j'avais établi la théorie; on a tiré de cette théorie des conséquences exagérées qui la faussent. Je rappellerai donc ici sur quels faits et sur quelles considérations la *spécialisation* se fonde; j'en indiquerai la signification et la portée, telles que je les comprends.

En quoi consiste la spécialisation.

Parmi les auteurs qui se sont occupés du bétail, il en est peu qui n'aient plus ou moins senti les difficultés, ou même les impossibilités qui s'opposent à la réunion de certaines aptitudes chez un même animal. Quelques-uns se sont montrés disposés à admettre l'incompatibilité entre deux facultés seulement, entre le travail et l'engraissement, par exemple; ils l'ont méconnue ou niée entre l'une ou l'autre de ces deux facultés et la production du lait. D'autres, après avoir un instant entrevu l'antagonisme, se sont refusés à le prendre pour base d'un système sur l'amélioration du bétail: ils ont craint de se laisser aller à une utopie irréalisable ou dangereuse. Quelques points de la doctrine ont, cependant, été mis en parfaite lumière par des écrivains de divers pays.

Opinions des écrivains.

« La nature, dit John Sinclair, semble avoir destiné les différentes « races d'animaux à divers objets. On ne connaît pas une race de bétail « à cornes, également bien adaptée à la boucherie, à la laiterie et au trait; « et, autant que l'expérience nous permet d'en juger, les qualités qu'on « doit rechercher pour ces divers usages sont incompatibles entre elles et « appartiennent à des animaux de formes et de proportions différentes... « Un éleveur judicieux doit donc déterminer le principal objet qu'il a en « vue, et s'efforcer d'élever la race de bétail qui convient le mieux à ce « but, ou, en d'autres termes, qui payera le mieux la nourriture qu'il lui « consacrera [1]. »

Les faits généraux d'observation et les conclusions qui en découlent ne pouvaient guère être plus clairement résumés. David Low est dans les mêmes idées. Voici comment il s'exprime, après avoir montré que le cheval se substitue au bœuf pour le travail, dans un état avancé de l'agriculture :

« Par ce moyen, chacune de ces deux espèces d'animaux reçoit la des-« tination à laquelle elle est respectivement le mieux appropriée. Le cheval « travaille, et le bœuf acquiert, le plus promptement possible, cette matu-« rité qui le rend propre à la nourriture de l'homme. C'est en vue de « diriger l'attention vers ce résultat que nous faisons ici ces observations. « Le principe de l'éducation, lorsqu'il est appliqué à un animal destiné à « l'engraissement, est de développer les propriétés qui sont en rapport « avec la maturité la plus précoce des muscles et de la graisse; et le prin-« cipe de l'engraissement est de fournir à l'animal, depuis sa naissance « jusqu'à sa maturité, la plus grande quantité de nourriture compatible « avec la conservation de sa santé et les ressources fourragères qui sont « à notre disposition. Or, ces principes ne peuvent être complétement ap-« pliqués lorsque les bœufs d'une ferme sont employés au travail. La « conformation extérieure, qui indique la perfection d'un animal pour « l'exercice et la force physique, est différente de celle qui caractérise « son appropriation à un engraissement précoce; d'où résulte que l'emploi « général des bœufs au labourage est défavorable à l'attention qu'il con-« vient d'accorder à une autre série de propriétés, et ne permet pas cette « alimentation soutenue depuis la naissance, qui amène l'animal, le plus-« tôt possible, à la maturité nécessaire [1]. »

David Low a rendu saisissables les différences de conformation entre les deux types, par des descriptions et des figures analogues à celles que présentent, sur ce sujet, beaucoup d'ouvrages anglais [2].

Les différences fondamentales qui séparent les deux industries dans lesquelles les bœufs sont utilisés pour l'engraissement ou pour le travail sont ici très-nettement indiquées, quant au but poursuivi par l'une ou par

[1] S. John Sinclair, *Code of agriculture*, 1818-1821; traduction par M. de Dombasle, sous le titre de : *L'Agriculture pratique et raisonnée*, I, p. 204-205; 1825.

[1] David Low, *Races de la Grande-Bretagne*, 1840; traduction de Royer. 1844. *Le Bœuf*, p. 91-92.
[2] David Low, *Éléments d'agriculture pratique*; traduction de M. Lainé, II, p. 181, 239-242; 1838.

l'autre, quant à l'organisation des animaux employés, quant aux procédés d'élevage propres à obtenir ces animaux.

Mathieu de Dombasle, en interrogeant aussi l'expérience et en envisageant l'amélioration des races dans ses rapports avec l'état de civilisation des pays producteurs, pose, avec l'autorité qui lui appartient, le principe général de cette amélioration; il le trouve dans l'appropriation des races au service qu'on en attend.

« L'homme, dit-il, en appropriant à ses besoins les races d'animaux « qu'il a soumises à son empire, a dû les modifier de manière à en obte- « nir, le plus complétement qu'il est possible, le genre particulier d'utilité « auquel il les destine, et chaque animal individuellement est d'autant « plus parfait dans son espèce qu'il est mieux approprié à ce but, et nous « sommes souvent forcés de le considérer comme d'autant plus parfait « qu'il s'éloigne davantage, sous quelques rapports, de ce qui devait cons- « tituer, dans l'état de nature, sa beauté ou son véritable mérite [1]. »

« On parle quelquefois de la beauté d'un taureau, d'une vache ou « d'un bélier, mais toujours on place la beauté dans des formes arbi- « traires, qui n'ont aucun rapport avec les qualités que le bétail doit pos- « séder pour les divers genres de services qu'on en doit tirer [2]. »

Très-souvent Mathieu de Dombasle revient sur la définition de la *beauté*, et il la formule dans des termes qui ne laissent pas de doute sur l'idée qu'il se faisait de la perfection. Voici quelques lignes, entre autres, où cette idée se trahit clairement :

« Si nous appliquons le mot de beauté aux formes d'un animal, il est « certainement raisonnable de désigner par cette expression les formes « qui, en garantissant la vigueur de sa constitution, le rendent le plus « éminemment propre au service auquel il est destiné. Que les peintres « se créent, s'ils le veulent, une beauté idéale..... quant à nous, dont le « but est de produire des animaux consacrés à une utilité réelle, nous ne « devons considérer comme beauté que les formes qui concourent le plus « directement à cette utilité; la beauté d'un *cheval de course* diffère de « celle d'un *cheval de roulage*, comme la beauté d'un *lévrier* diffère de « celle d'un *braque*, celle d'un *chien courant* de celle d'un *chien de berger*. « C'est seulement dans l'enfance de la production, ou lorsque tous les « animaux d'une espèce sont employés au même service, que l'on a pu « se faire des idées absolues de la beauté dans cette espèce, mais à mesure « que, par les progrès de l'industrie, on a tiré des services différents de « la même espèce d'animaux, on a senti la nécessité de créer des races « particulières appropriées à ces différents services; et, dès ce mo- « ment, les idées de beauté doivent s'appliquer, pour chaque race, aux « formes les mieux appropriées à ce service. Ainsi, en Angleterre, dans « les races de bêtes à cornes destinées spécialement à la boucherie, on « désigne par *beauté* des formes entièrement différentes de celles qui « portent ce nom dans les races destinées à la production du lait [1]. »

A propos du perfectionnement des races ovines, Mathieu de Dombasle met encore plus vivement en relief l'antagonisme des facultés que l'on prétend souvent réunir chez les mêmes animaux. Comparant l'amélioration des toisons, en vue d'obtenir des laines fines, à celle qui se proposerait de rendre les moutons plus aptes à l'engraissement, il s'exprime ainsi :

« On dira peut-être que, sans s'écarter de l'une de ces deux routes, on « peut aussi ne pas perdre de vue l'autre, et que l'on doit faire le choix « des animaux destinés à la propagation, de manière à faire marcher de « front l'amélioration des toisons avec celle des formes reconnues les plus « favorables à l'engraissement. Cela peut très-bien se dire, mais cela est à

[1] Mathieu de Dombasle, *Annales agricoles de Roville*, III, p. 169; 1826.
[2] Id. ibid. I, p. 43; 1824.

[1] Mathieu de Dombasle, *Annales agricoles de Roville*, VI, p. 148-149; 1830.

« peu près impossible à faire : l'homme qui a quelque expérience sur cet
« objet, et qui a apporté quelque attention à faire le choix des bêtes qu'il
« destine à l'amélioration de son troupeau, sentira facilement toutes les
« difficultés que l'on est exposé à rencontrer lorsque l'on veut ainsi faire
« face à la fois à deux points de l'horizon qui se trouvent souvent en
« opposition diamétrale..... Celui qui voudrait atteindre ces deux buts ne
« pourrait manquer de s'écarter à la fois de l'un et de l'autre[1]. »

L'illustre agronome cite plus loin les poids vifs et les poids nets des
toisons de son troupeau, et il ajoute : « Le poids des animaux est donc
« en raison de la finesse des toisons..... la quantité de laine diminue à
« mesure qu'on augmente la finesse[2]. »

Il dit ailleurs : « Dans quelques races, les vaches sont presque toujours
« maigres, quelque abondance de nourriture qu'elles reçoivent : ce sont
« certainement les plus parfaites comme vaches laitières. Par le même
« motif on doit, je pense, considérer les mérinos comme la race la plus
« parfaite comme producteurs de laine, précisément parce que c'est la
« race la plus difficile à engraisser[3]. »

On ne saurait rendre plus saisissante l'opposition radicale qui existe,
par la nature des choses et pour l'intérêt de notre industrie, entre des
aptitudes que l'on considère trop souvent comme compatibles. Il serait
difficile, en même temps, de rendre plus évident le terme où doit tendre
toute amélioration de nos espèces agricoles. Mathieu de Dombasle a d'ailleurs trouvé une sanction pratique à ses vues dans l'exemple de l'Angleterre, qu'il oppose à la France pour les connaissances relatives à l'art de
modifier les races. « On possède maintenant, dit-il, dans toutes les par-
« ties de l'empire britannique des races distinctes de bêtes à cornes : pour

« la boucherie, pour la laiterie et pour le travail. » Et il ajoute : « Tant
« que nous ne verrons pas, comme en Angleterre, un taureau possédant
« les qualités les plus propres à produire de bonnes vaches à lait, ou à
« engendrer des bœufs d'un engrais prompt et facile, se payer dix fois,
« vingt fois plus qu'une bête de même taille, mais de formes moins par-
« faites, nous pourrons être assurés qu'on s'occupe peu de l'amélioration
« des races, et qu'on n'en apprécie pas l'importance[1]. »

Bien qu'il ne crût pas le moment venu pour nous « d'élever avec profit
« des bœufs exclusivement pour l'engraissement, » Mathieu de Dombasle
nous considérait cependant comme « vraisemblablement peu éloignés de
« l'époque où l'on pourrait le faire. » Ce n'était là, à ses yeux, qu'une
question d'opportunité, qui ne modifiait en rien ses opinions sur le but,
sur la possibilité de l'atteindre[2], pas plus que sur notre impuissance d'obtenir, d'une même race bovine, le rendement le plus élevé et le plus
avantageux en travail, en lait, en boucherie.

L'étude de la race de Durham, comparativement avec celle de la race
mancelle, a récemment conduit un de nos publicistes, M. Jamet, à mettre
en opposition les deux types des bœufs d'engraissement précoce et des
bœufs de travail[3]. Pour cet écrivain, l'incompatibilité réelle n'existe
qu'entre ces deux types, et il résume sa thèse par cette phrase : « La dis-
« position à l'engraissement rapide et au travail profitable ne peut se ren-
« contrer dans le même bœuf. » Il a exposé et soutenu souvent cette thèse
avec une chaleur égale à son admiration pour la race de Durham, qui
lui a fourni un excellent modèle pour tracer le type des bêtes d'engrais.
Peut-être les traits de conformation qu'il considère comme caractéristiques, et les explications physiologiques qu'il en donne ne sont-ils pas

---

[1] Mathieu de Dombasle. *Annales agricoles de Roville.* III. p. 174-176; 1826.

[2] Id. ibid. p. 191.

[3] Id. ibid. VII. p. 167; 1831.

[1] Mathieu de Dombasle, *Annales agricoles de Roville.* I. p. 42, 44-45; 1824.

[2] Mathieu de Dombasle, *Calendrier du bon cultivateur,* 10e édition. p. 603.

[3] E. Jamet, *Cours d'agriculture,* p. 304 et suiv. 1846.

tous acceptables; peut-être lui pourrait-on contester quelques-unes de ses considérations agricoles, quelques conséquences exagérées dans l'application; il a, en tout cas, fortement insisté sur l'impossibilité de voir coexister, chez les mêmes animaux, l'aptitude à l'engraissement et l'aptitude au travail. Quant à la qualité laitière, il nie qu'il y ait avantage à la développer dans des races particulières; il lui refuse, d'ailleurs, un type distinct, et il affirme que les conditions vitales qui favorisent la production du lait, comme les formes qui en indiquent l'aptitude, sont identiquement les mêmes que celles du type de boucherie. Aussi est-ce avec les bonnes races de boucherie, et surtout avec la race de Durham, la meilleure entre toutes, qu'il serait, d'après lui, le plus économique de produire le lait; les vaches issues d'une race bien conformée pour le travail prendraient rang ensuite[1]. Une prédilection fort vive pour le Durham avait d'abord laissé croire à l'auteur que cette race pourrait donner d'excellents animaux de croisement pour le travail; il reconnut cependant combien ce type, si remarquable pour l'engraissement, se distingue du type des races fortes et laborieuses, et fut ainsi amené à généraliser l'opposition entre les deux; mais il resta persuadé que la race de Durham est aussi une race supérieure pour le lait, et il généralisa encore cette opinion jusqu'à confondre les types des animaux d'engrais précoces avec celui des animaux laitiers.

J'ai démontré déjà l'erreur physiologique d'une telle confusion. L'histoire des races, et notamment celle des races perfectionnées pour la boucherie, viendra à chaque pas la rendre plus évidente.

A l'appui des opinions écrites, plus ou moins complètes, plus ou moins explicites sur l'antagonisme des aptitudes, la pratique journalière et commune de tous les pays apporte ses convictions acquises par l'expérience. Tous les engraisseurs, tous ceux qui achètent des bœufs maigres pour leur faire convertir les fourrages en viande et en graisse, choisissent partout sur le marché les bœufs *tendres* et non les bœufs *durs* ou *rustiques*, les bœufs *de nourriture* et non les bœufs de *charrois*, c'est-à-dire qu'ils préfèrent les animaux plus jeunes, mieux élevés, toujours bien nourris et ménagés à la fatigue, aux animaux plus âgés et moins bien traités.

Ce sont toutes ces considérations qui ont décidé les éleveurs anglais à entrer dans la voie d'amélioration où ils ont obtenu tant de succès. Depuis longtemps le but de la production du bétail est précis et simple chez nos voisins. Si l'on emploie encore le bœuf pour le travail sur quelques points très-restreints, l'espèce bovine se perfectionne partout ailleurs en vue de deux destinations distinctes, l'engraissement et la laiterie. Le perfectionnement des races domestiques a partout pour principe l'exploitation de ces races pour un genre de service unique et déterminé. Il n'y a, sur ce point, ni incertitude ni hésitation. Les races renommées de Durham, de Hereford, de Devon, d'Angus, de West-Highland, représentent le meilleur type de boucherie; les races d'Ayr, d'Anglesey, d'York, représentent le type supérieur pour la laiterie. Toutes les autres races bovines gravitent, avec plus ou moins de bonheur, autour de l'une ou de l'autre de ces deux grandes catégories.

Ce caractère fondamental et ces tendances de l'économie du bétail en Angleterre n'ont pas échappé à l'illustre Thaër; on a vu que Mathias de Dombasle en a été également frappé; tous ceux qui ont étudié ce pays ont reçu les mêmes impressions. Weckherlin, dans l'étude qu'il a faite des moyens d'amélioration du bétail en Angleterre, a signalé, comme une condition essentielle de la réussite, la sagesse des éleveurs, qui ne tentent pas de poursuivre deux buts opposés, de réunir des aptitudes qui s'excluent. Je montrerai, en traçant l'histoire des races anglaises, jusqu'à quel point les faits justifient ces appréciations.

[1] E. Jamet, *Cours d'agriculture et Traité de l'espèce bovine*, 1re partie, p. 69-71, 109; 1856.

Ce qui a décidé du triomphe de ces principes en Angleterre, c'est moins peut-être les enseignements de la pratique spéciale, que l'inspiration de l'esprit industriel répandu en ce pays. La supériorité de l'agriculture anglaise, en général, résulte, non du climat, des capitaux, de l'emploi des machines, de la nature des races primitivement meilleures, mais bien de l'esprit et de l'éducation éminemment industriels des producteurs, pour qui ces conditions ne sont que des moyens d'arriver à la perfection. Le propre de l'esprit industriel consiste essentiellement à se poser nettement son but, à faire concourir vers ce but toutes ses forces, toutes ses ressources, selon les convenances du milieu économique dans lequel on opère; à simplifier et à perfectionner les moyens de production, à réduire ainsi les dépenses au minimum et les pertes à zéro. Ce qui provoque le plus d'admiration, quand on étudie ces étonnantes machines qu'on nomme un bœuf Durham, un Hereford, un Devon, un Angus, une vache d'Ayr, pour ne parler que de l'élevage dans l'espèce bovine, c'est moins le résultat que l'idée industrielle d'où sont sorties ces machines créées pour un but spécial; c'est la netteté de conception, la sûreté de coup d'œil, le parti pris qu'ont exigés de pareilles créations, sans oublier la persévérance dans le plan et la ténacité saxonne, qui ne quitte l'œuvre que lorsqu'elle est achevée.

Division
économique
du travail
de la production.

Il y a longtemps que l'étude du développement des nations prouve, avant les leçons de l'économie sociale, que la *division du travail* est une des formes sous lesquelles se manifeste avec le plus de puissance le génie de la production industrielle. Or l'exploitation des races, pour une seule nature de produits, n'est autre chose que la mise en pratique de la *division du travail* dans l'économie des animaux. Ce principe industriel, les éleveurs anglais n'en ont pas fait l'application seulement à leur bétail; ils l'ont faite aussi à eux-mêmes, et chacun choisit, en général, son espèce, sa race, sa spéculation propre, dans les limites où ce choix est compatible avec les exigences du domaine. L'industriel apporte ainsi une habileté toute spéciale à la conservation ou au développement de l'aptitude particulière de chaque groupe d'animaux; la perfection du produit et celle du producteur se trouvent ainsi liées dans un même principe et dans un même but.

Si l'opinion d'un grand nombre d'écrivains, si des faits de pratique courante fournissent des arguments en faveur du principe de l'incompatibilité entre certaines aptitudes, l'organisation de la production animale en Angleterre, fondée sur la base industrielle de la *division du travail*, prouve qu'il est possible et avantageux de prendre pour règle la spécialité des services.

La physiologie explique les faits, en précise la valeur, et donne aux opérations des producteurs une base scientifique.

Lois
du développement
de l'organisme.

Pour chacun des trois grands types que j'ai tracés précédemment, j'ai rappelé que les exigences physiologiques sont tout à fait opposées; que les influences de milieu, les soins d'élevage et d'éducation, les tendances intimes de la machine, en un mot les conditions statiques de l'activité vitale, se combinent tout différemment selon qu'il s'agit d'engraissement, de lait ou de travail. J'ai fait voir, en outre, comment les dispositions pour chacun de ces emplois, comment les tempéraments qui leur sont propres, les habitudes fonctionnelles qu'ils supposent, résultent de la marche que suit le développement de l'organisme dès les premiers temps de la vie. La conformation caractéristique de chaque type n'est elle-même que la conséquence de ces différences fondamentales, et les traduit.

Effets de l'exercice
physiologique.

Dès que cette harmonie s'est établie ainsi vers un même but, il se produit un résultat important et dans le même sens. La vie, appelée incessamment dans un appareil, s'y concentre; l'exercice en exalte l'activité, augmente même le volume ou l'énergie des instruments physiologiques.

et, par suite, le *rendement* de la machine, qui est proportionnel à cette activité, à ce volume, à cette énergie des organes.

Ainsi, plus un muscle a de masse, plus sa puissance de contraction est grande, plus il produit de force, pourvu que sa masse résulte bien de la multiplication de ses fibres constitutives, de l'afflux plus abondant du sang, et non d'une interposition plus grande de tissu cellulaire. Or chacun sait combien l'exercice développe les masses musculaires souvent en jeu.

Ainsi encore, le travail sécrétoire de la mamelle est en raison du volume de cette mamelle, si, comme je l'ai dit déjà, le volume en est dû à l'augmentation des éléments glandulaires, et non à celle des parties inactives. Or les mulsions répétées provoquent l'activité de la mamelle et son développement; tout ce qui se rattache à l'organe principal acquiert alors plus de vie, et le liquide nourricier, attiré vers ce centre, y entretient un travail plus soutenu par l'apport de matériaux incessamment renouvelés.

Ce qui est vrai pour les phénomènes d'assimilation ou de sécrétion, l'est aussi pour les phénomènes mécaniques ou de sensibilité; les effets qui se manifestent quand il est question de viande ou de lait se produisent aussi lorsqu'il est question de mouvement ou de toute autre fonction.

Cet accroissement de puissance pour certains rouages de la machine soumis à un exercice répété et exclusif amène un résultat dont j'ai eu souvent l'occasion de parler; il donne lieu à ce jeu d'équilibre qu'on a nommé *le balancement organique*, et grâce auquel la prépondérance de certaines parties a pour contre-coup nécessaire la subordination des parties dont l'activité n'est point ainsi particulièrement sollicitée. Il semble qu'une somme déterminée de puissance vitale soit départie à la machine animale; l'emploi de ce fonds peut être diversement réglé; mais ce qui est dépensé en excès sur un point diminue d'autant ce qui reste disponible pour l'ensemble.

Nous faisons, dans notre pratique journalière, de nombreuses applications de ces principes. Qu'est-ce que la castration des mâles destinés au travail ou à l'engraissement; et qu'est-ce que la castration des femelles, celle des vaches, dont on s'est récemment préoccupé, sinon un moyen d'emprunter aux fonctions de reproduction qu'on supprime le supplément de force vitale qui peut rendre prédominantes les fonctions de nutrition, les sécrétions ou le travail?

Ainsi, chacun des genres de services que nous pouvons demander à la machine animale implique des données physiologiques particulières et rigoureuses. La combinaison de ces données, pour chaque nature d'opération, imprime une direction déterminée à l'activité vitale, d'où résulte un accroissement de puissance dans un sens, une réduction correspondante dans les autres.

Conditions primitives du fonctionnement, effets de l'exercice, influence du balancement organique sont autant de termes liés nécessairement l'un à l'autre par les lois de la physiologie, et différents pour chaque type. De leur harmonie dans une même machine animale découle, pour cette machine, la supériorité de travail, de rendement et de formes.

Mais ces faits ne sont pas les seuls de l'ordre physiologique qui établissent que la perfection des facultés est mesurée par la spécialité d'action. L'étude du règne animal tout entier montre que le procédé suivi par la nature, pour amener le perfectionnement des organismes, consiste dans la division du travail vital. C'est là une loi que l'on constate, soit que l'on compare les appareils et les organes qui ont pour objet l'accomplissement d'une même fonction chez des animaux différents, soit qu'on examine comment sont remplies, à diverses hauteurs de l'échelle, les fonctions destinées à assurer la vie de l'individu ou la perpétuité de l'espèce, soit enfin qu'on mette en parallèle les caractéristiques des groupes nombreux du monde animal. Dans les organismes les plus inférieurs, quand chaque portion du corps possède à la fois la faculté de sentir, de se mouvoir, de se nourrir, de se reproduire, chaque fonction est très-incomplète ; l'existence de l'être est chétive et obscure. Mais quand un même organe cesse d'être bon à tout, quand il se crée un instrument pour chaque nature de besoin, quand chaque acte élémentaire s'isole et se localise, la vie devient plus puissante, les fonctions donnent leur maximum d'effet, les produits prennent plus de valeur[1].

Cette tendance de la nature à perfectionner ainsi les organismes par la spécialité des fonctions pousse aux mêmes conséquences que nous voyons se produire dès qu'on demande à la machine animale un service déterminé. De sorte que les lois générales comme les lois particulières du fonctionnement de cette machine sont en complète concordance ; elles favorisent toutes la *spécialisation* des races par la division du travail vital.

Le principe de la *spécialisation* des races est donc essentiellement physiologique ; les conditions de perfection pour la machine sont les mêmes que pour l'industrie agricole ; elles ne contrarient pas, elles assurent le succès de la division du travail dans la production, et il n'y a pas à craindre que l'animal ne se prête pas aux desseins de l'éleveur, et lui fasse défaut à mi-chemin du but.

Aussi, l'application de ce principe, physiologiquement possible et économiquement avantageuse, me paraît-elle être la base sur laquelle doit s'élever tout l'édifice de l'économie du bétail. Voilà pourquoi j'ai employé les mots *spécialisation* et *perfection* comme synonymes en zootechnie.

La doctrine de la *spécialisation des races*, telle que je l'ai définie, repose donc sur l'étude des lois de l'organisation animale et de la production industrielle. Elle en établit l'harmonie pour chacune des aptitudes qu'elle

distingue, et fait concourir à une même démonstration tous les faits pratiques d'histoire des races améliorées, l'exemple des peuples les plus avancés en agriculture. C'est une tentative faite pour formuler *la théorie de l'application*.

En disant que la *spécialisation* des races est la *perfection* en zootechnie, j'indique le but. Je suis loin de prétendre que ce but est partout immédiatement réalisable. Il en est, à mes yeux, de cette perfection en zootechnie comme de la perfection en culture. Si la suppression des jachères, l'alternat et toutes les pratiques de ce qu'on a appelé la culture intensive, constituent le dernier terme du progrès, il ne s'ensuit pas que tous les sols et toutes les situations économiques doivent admettre, dès aujourd'hui, ces pratiques. Chaque domaine comporte, en raison de sa nature, de son passé, de son milieu, un système cultural plus ou moins avancé, dont il faut obtenir d'abord le maximum d'effet ; on l'approche ensuite, par périodes successives et dans la mesure de ses moyens, du terme de la perfection, dont l'idéal ne change pas, mais qu'on ne saurait atteindre partout d'un seul bond.

J'en dis autant de la *spécialisation* des races ; elle constitue la perfection zootechnique, et tous les éleveurs doivent l'avoir sans cesse devant les yeux comme but ; mais tous ne le peuvent poursuivre *tout* d'abord dans des conditions suffisamment favorables pour espérer un succès immédiat. Les tentatives doivent répondre aux degrés divers de richesse agricole, non pas pour s'y arrêter, mais pour prendre chacun d'eux comme le point de départ d'un élan nouveau, avec la résolution de ne s'arrêter qu'à l'adaptation définitive de la race au service spécial qu'on en veut obtenir.

C'est donc faire une fausse application des principes de la *spécialisation* que de pousser toutes les races dans une même voie, de leur imposer un type unique de perfection, de leur demander une transformation instantanée. C'est l'erreur que commettent, par exemple, ceux qui, pleins d'ar-

---

[1] Milne Edwards, *Introduction à la Zoologie générale*, Ire partie ; 1851.

deur pour la propagation de la race de Durham, en veulent faire partout et de suite la source de toutes les améliorations. Ils oublient que cette machine si parfaite en son genre exige, pour fonctionner utilement, c'est-à-dire pour conserver sa puissance et fournir son rendement, qu'on l'emploie dans le milieu agricole qui lui convient. Ils ne prennent pas garde que, placée hors des conditions normales de son exploitation avantageuse, — soins d'élevage appropriés, alimentation constamment riche et abondante, calme en box ou à l'herbe, repos permanent, — elle s'affaiblirait, arriverait à sa ruine, se déprécierait, sans servir en rien aux progrès du bétail ni de l'agriculture. Ne voir que le Durham comme type et comme moyen, ce n'est donc pas faire de la spécialisation; c'est, tout au contraire, nier la spécialité de cette race, en niant sa supériorité d'aptitude; en la présentant comme bonne à tout et partout, ce n'est pas non plus préparer l'avenir, c'est le ruiner d'avance, en ne lui donnant pas de fondement.

Il ne faudrait pas invoquer ici, à l'appui de cette thèse, l'exemple de l'Angleterre. Si, en Angleterre, la spécialité du service n'est pas douteuse, si elle est semblable pour plusieurs races bovines, ces races ne prétendent pas toutes réaliser la perfection au même degré, parce qu'elles ne la poursuivent pas toutes dans des conditions identiques. Chaque race améliorée pour la boucherie représente bien, en fait, la même nature d'emploi, la même tendance, mais avec une différence, une nuance correspondant à la plus ou moins grande fertilité du sol, à la plus ou moins grande somme de ressources alimentaires dont disposent les éleveurs du pays, aux qualités acquises préalablement par la race. Durham, Hereford, Devon, Angus, West-Highland sont, pour ainsi dire, dans l'espèce bovine, des degrés sur l'échelle des races de boucherie, auxquels répondent des degrés divers sur l'échelle de richesse agricole. Toutes aspirent à une même supériorité, mais chacune marche au but sans rien emprunter à ses voisines, pas même à la race de Durham.

Par opposition au système dont je viens d'indiquer l'exagération, il en est un autre qui accepte chaque race locale comme étant et comme ne pouvant pas ne pas être la résultante nécessaire de toutes les conditions agricoles et économiques du milieu où cette race s'élève. Ce système ne veut soupçonner chez les éleveurs ni incapacité, ni ignorance, ni indifférence. Toutes les races, tous les individus de chaque race sont précisément ce qu'ils doivent être, parce qu'ils sont ce qu'ils peuvent être, en raison des influences de toute nature qui les entourent, et parce que, si le producteur ne les modifie pas, c'est qu'il n'a pas intérêt à les modifier. Les qualités et les défauts, si défauts il y a, ont leur origine et leur explication dans les mêmes causes; il faut les accepter comme étant de même valeur.

De pareils principes aboutissent à la glorification du *statu quo* dans la routine; ils ne repoussent pas seulement la *spécialisation*, ils nient la possibilité et les avantages du progrès. Ils ne prennent pas l'état actuel comme un point de départ, ils s'y tiennent comme au but de la perfection. Besoins, habitudes, débouchés, voies de communication, mécanique agricole, mouvement des travaux publics, relations commerciales, tout change ou va changer; les races seules et leur élevage doivent demeurer immuables.

Sans être aussi hostile aux améliorations zootechniques, une autre opinion se présente, qui défend ce qu'on appelle les animaux à *deux fins*, comme étant nécessaires dans certains cas et seuls profitables. Si elle entendait dire par là qu'il y a des transitions à respecter, cette opinion serait fondée : elle s'appuierait sur les considérations que je faisais valoir tout à l'heure pour indiquer la marche progressive et sage vers la perfection. Mais elle prétend obtenir, comme résultat dernier, de bons animaux propres à tout; des vaches qui engraissent tout en donnant du lait; des bœufs de travail excellents ayant la conformation des bêtes d'engrais.

Des animaux
à deux fins.

Il y a sans doute des circonstances où l'éleveur demande à ses animaux du travail, du lait, puis de l'engraissement, et où les animaux répondent assez bien aux désirs de l'éleveur. Telles sont celles où se trouve notre race de Salers, par exemple. Mais il faut bien remarquer que si la race de Salers est bonne, en égard aux conditions dans lesquelles elle a été jusqu'ici produite et exploitée, sa valeur est toute relative; qu'elle ne saurait soutenir la comparaison, pour le lait, avec les races exclusivement laitières; pour la boucherie, avec les races d'engrais les mieux conformées et les plus précoces; pour le travail, avec les races que l'on peut impunément forcer à la fatigue, parce qu'on n'en attend ni engraissement ni lait. Par rapport au rendement de la machine et à son entretien économique, la race de Salers n'est pas en même temps supérieure pour la laiterie, pour la boucherie et pour le travail. Comparée à d'autres races, elle peut avoir un grand mérite, eu égard aux localités où elle s'emploie; comparée à la perfection, elle a beaucoup à gagner, et elle gagnera si, l'état agricole et toutes les conditions de production s'améliorant, on est conduit à la spécialiser.

C'est là une explication et une justification pour la situation actuelle de la race de Salers et des races qu'on pourrait rapprocher; mais ce n'est pas à dire que, lorsqu'il s'agit de perfection il faille s'arrêter à ce niveau et prendre pour règle la médiocrité, quelque respectable qu'elle soit. Le but des éleveurs doit être, partout, d'améliorer à la fois le milieu dans lequel ils opèrent et les animaux qu'ils exploitent. Un milieu défavorable donne la raison d'un bétail mauvais ou médiocre, l'un et l'autre parfaitement en harmonie; mais cette harmonie même est le signe de la misère et ne peut pas être respectée comme un but atteint. Est-il des situations où il soit possible d'améliorer le milieu dans lequel se produit et s'élève la race de Salers, où il soit possible, par conséquent, d'en perfectionner les qualités? Personne, je le crois, ne serait tenté de répondre négativement.

Or, dès qu'on entreprend de perfectionner ses facultés laitières, par exemple; de dépasser le rendement moyen de 100 kilogrammes de fromage que chaque vache de Salers donne par an; de le porter à 150, à 200 kilogrammes; dès qu'on combine l'alimentation, les soins d'élevage, le choix des reproducteurs dans ce but, on spécialise les animaux, on les rend de moins en moins propres à tout. Ou il faut repousser toute amélioration d'une manière absolue, ou il faut accepter les conséquences inévitables des lois physiologiques et industrielles qui conduisent, en définitive, à une élévation de la valeur des animaux.

Il en serait absolument de même pour une race dans laquelle on voudrait associer les qualités d'un bon animal de travail et d'une bonne bête de boucherie: pour notre race parthenaise, entre autres, à propos de laquelle cette prétention a été élevée. Partout où la culture se perfectionne en Poitou, où le producteur songe à améliorer la race, les bœufs parthenais passent à l'étable la plus grande partie de leur vie, et y reçoivent une nourriture substantielle; ils ne sont point excédés de fatigue; on les attèle en grand nombre pour le labour ou pour le transport. Les bons praticiens du pays ne portent au marché ni beurre ni lait, parce qu'ils nourrissent bien le bétail dès sa naissance, et laissent souvent chaque veau boire le lait de deux vaches. En un mot, le bœuf parthenais est alors traité comme un animal destiné déjà plus particulièrement à la boucherie. Il travaille bien, parce qu'il travaille peu; il manifeste des dispositions à l'engraissement, grâce au régime auquel on le soumet. Le force-t-on au travail? Il devient immédiatement moins apte à prendre la graisse. Lui supprime-t-on le travail? Il constitue une excellente bête de boucherie. Mais, dans l'état d'équilibre où on voudrait obtenir la prétendue simultanéité d'aptitudes, le bœuf parthenais n'atteint la perfection ni pour le travail ni pour la boucherie. Je doute qu'il puisse rivaliser avec l'ancien bœuf du Morvan, dans des lieux escarpés, à travers les bois, où le sentier est à peine tracé, dans des chemins boueux, défoncés, imprati-

cables, pour tous les travaux, et dans les conditions qui exigent force
continue, sobriété constante, résistance soutenue; pour arriver à ce point
il cessera d'être une bonne bête de boucherie. Je doute aussi qu'il égale
le bœuf de Durham pour la précocité, la faculté d'assimilation, l'aptitude
à prendre la graisse; pour acquérir ces qualités il cessera d'être une
bonne bête de travail. Comparée à certaines races moins ménagées à la
fatigue, moins bien élevées ou moins bien nourries, la race parthenaise
peut être supérieure; comparée à la perfection, elle a encore beaucoup à
gagner, et, quand elle gagne, ce n'est qu'en se spécialisant de plus en
plus. La combinaison des deux aptitudes, l'une et l'autre à un degré infé-
rieur de puissance, peut convenir transitoirement dans certaines conditions économiques, dans un état imparfait d'élevage et d'organisation de
la machine animale; elle ne peut subsister indéfiniment, à moins d'arrêter l'état actuel comme définitif, et de renoncer, par conséquent, aux bénéfices de la spéculation vraiment industrielle.

C'est pour la moyenne, et surtout pour la petite culture, qu'on a considéré les bêtes dites *à deux fins* comme indispensables. Sans refuser la
supériorité aux animaux spécialisés, on a affirmé qu'ils n'ont point leur
place dans les exploitations réduites; que le petit cultivateur emprunte
nécessairement aux animaux qu'il entretient, principalement à ses vaches,
ou à sa vache laitière, la force dont il a besoin pour exécuter ses travaux.

Dans les contrées où la terre est très-morcelée, beaucoup de petits
cultivateurs ne peuvent, en effet, entretenir simultanément des animaux
de travail et des bêtes de lait ou de boucherie. S'ensuit-il que, pour eux,
les principes cessent d'avoir leur application? Ne peut-on concevoir une
combinaison dans laquelle les travaux d'un canton seraient exécutés par
un ou plusieurs entrepreneurs, qui amélioreraient leur méthode en même
temps que leur outillage, et laisseraient leurs voisins libres de spéculer
sur telle nature de bétail qu'ils choisiraient? Ce serait un moyen d'orga-
niser la division du travail pour le plus grand profit de tous. Le seul

obstacle à vaincre serait l'absence d'esprit industriel dans les campagnes;
à moins qu'il n'en existât un plus insurmontable dans l'amour-propre des
propriétaires, blessés de voir leurs champs parcourus par des charrues
et des attelages qui ne seraient pas les leurs.

Il ne semble donc pas qu'il y ait un domaine qui, par sa nature, par
sa situation économique, par son étendue, doive échapper à la *spécialisation*. Seulement chaque domaine se trouve ou doit se trouver à une période de progrès cultural et zootechnique à laquelle il faut d'abord faire
rendre tout ce qu'elle peut donner, avant de faire un pas en avant; puis le
principe doit s'appliquer de manière à arriver à la perfection sans arrêt,
avec tous les ménagements, tous les tempéraments que la sagesse impose,
et en accommodant les moyens d'action aux conditions de production.

Ainsi comprise dans sa nature et réglée dans sa marche, la *spécialisation* demande encore qu'on la poursuive avec quelque mesure. Elle pourrait conduire à certains écueils l'éleveur améliorateur qui n'appliquerait
pas avec prudence les lois physiologiques mises en jeu pour perfectionner
les animaux, et qui n'aurait pas une vue bien exacte du but économique
auquel il faut arriver. La *spécialisation*, même dans son expression sys-
tématique la plus absolue, veut être renfermée dans de certaines limites.

Ces limites sont de deux sortes : les unes plus essentiellement physiologiques, les autres plus particulièrement économiques.

Les limites physiologiques, que la *spécialisation* doit respecter, sont
celles dans lesquelles la nature elle-même maintient la conservation de
l'individu et la conservation de l'espèce.

Comme je l'ai rappelé bien des fois déjà, la machine animale existe à
des conditions qui n'ont pas été posées par nous, et que nous ne pouvons
pas changer. Comme je l'ai dit aussi, en commençant la description des
types, il faut que l'animal, avant d'être apte à tel ou tel emploi, se porte
bien. On ne spécialise donc pas l'animal, on le détruit quand on met sa

santé en péril; quand on le pousse à une lactation excessive qui altère sa constitution, le conduit à l'épuisement et aux plus graves affections pulmonaires; quand on réduit tellement son ossature que la charpente devient incapable de soutenir l'édifice; quand, sous prétexte d'en obtenir une force et une énergie précoces, on le soumet trop tôt à des épreuves qui le ruinent avant qu'il soit formé. On ne spécialise pas davantage, on détruit encore, quand on développe la faculté d'engraissement jusqu'à amener la stérilité.

Il est aussi une conséquence, sinon nécessaire, du moins prochaine, que l'accroissement de volume et d'activité des organes spéciaux peut déterminer: c'est l'abaissement de la qualité des produits, résultant d'une augmentation dans le rendement. A ce point de vue encore, il ne faut pas exagérer les effets des lois physiologiques qui règlent l'exercice et le balancement organique. Par cela même que ces lois détournent une partie de l'activité vitale au profit de certains appareils, elles pourraient rompre tout équilibre si elles devenaient trop prépondérantes.

Quant aux limites économiques que la *spécialisation* doit s'imposer, elles sont indiquées par la nature même du but qu'il s'agit d'atteindre, et par la destination finale des animaux exploités. Si, par exemple, les races parfaites de boucherie doivent arriver à un certain état de graisse, il ne s'ensuit pas que la graisse doive supprimer la chair, comme cela est arrivé pour la race bovine longues-cornes, entre les mains de Bakewell lui-même. D'autre part, et pour continuer de s'en tenir ici à l'espèce bovine, il ne faut pas oublier que la fin dernière de tous les individus de cette espèce est l'abattoir. Les races de travail, comme aussi les races laitières, doivent donc s'approcher du type de boucherie, dans la symétrie de leur organisation, dans leur faculté d'assimilation, dans leur maturité précoce, jusqu'au degré compatible avec leur emploi spécial; elles doivent aussi ne pas être utilisées jusqu'à épuisement à un âge très-avancé.

C'est seulement en la renfermant dans ces limites que la *spécialisation* peut être utilement appliquée, après que l'éleveur a préalablement consulté la situation agricole de son domaine, et qu'il s'est inspiré des principes sur lesquels repose la théorie elle-même. C'est là l'idée complète que j'ai voulu représenter, en donnant la *spécialisation* pour synonyme à la *perfection*.

Il est facile de comprendre maintenant en quoi consiste l'*amélioration* du bétail: c'est le progrès obtenu ou à obtenir dans la poursuite du but idéal de la *perfection*, dans la *spécialisation* des produits, définie comme je viens de le faire.

Quant aux moyens propres à conduire d'amélioration en amélioration jusqu'à la perfection, ils consistent nécessairement dans l'emploi des deux sortes d'influences modificatrices que j'ai déjà distinguées et définies, en les rapportant à la *nutrition* et à la *reproduction*. Le mot *nutrition*, je crois utile de le répéter encore, n'est point employé comme synonyme du mot *alimentation*: il représente, suivant son vrai sens physiologique, tous les phénomènes qui caractérisent la vie et déterminent le mode d'activité propre de la machine animale, dans chaque situation où elle peut être placée. L'examen des diverses causes capables de changer les effets de la nutrition et ceux de la reproduction constituerait un traité complet de zootechnie; il ne s'agit ici que d'apprécier la nature des résultats généraux qu'on peut obtenir dans cette double voie, afin de pouvoir juger la valeur des théories diverses sur l'amélioration des races.

Plusieurs de ces théories laissent apercevoir une tendance à attribuer le rôle modificateur essentiel aux influences qui agissent sur la nutrition par l'aliment; elles ont été parfois caractérisées par l'épithète de *bromatologiques*. Elles tombent ainsi dans une double erreur: elles exagèrent la puissance de l'aliment, en voyant en lui le seul agent des modifications à obtenir, en le plaçant ainsi au-dessus des influences auxquelles cepen-

Comment apprécier les progrès accomplis dans l'amélioration du bétail.

Comment de s'abstenir.

dant son action est subordonnée; et elles méconnaissent le concours nécessaire de la reproduction pour donner de la certitude aux modifications réalisées.

Sans doute les partisans de ces idées n'ignorent pas que, s'il faut commencer toute tentative d'amélioration en agissant sur l'individu, c'est-à-dire en changeant ses conditions d'alimentation, l'opération doit être aidée et soutenue par le choix des reproducteurs parmi les animaux les plus aptes à transmettre et à compléter les résultats acquis. Mais en se fiant sur la reproduction, ils veulent témoigner spécialement de leur confiance dans l'action des influences qui modifient la nutrition. Ils veulent surtout constater l'antagonisme de leur manière de voir, en face d'un autre système qui, tombant dans une exagération inverse, n'attribue de puissance modificatrice utile et sûre qu'aux reproducteurs empruntés à une autre race.

Entre ces opinions il s'agit, en définitive, de la même lutte qu'entre les méthodes dites par *sélection* et par *croisement;* il s'agit de dissentiments sur le rôle des reproducteurs dans l'amélioration des races. C'est donc la nature de ce rôle qu'il importe de préciser ici, et dont l'histoire des races ne sera ensuite qu'une vérification.

De l'hérédité en général.

L'influence des reproducteurs sur leurs produits est sous l'empire de la grande loi d'hérédité. Mais l'action de cette loi est complexe; pour bien en apprécier l'économie, il faut en analyser les effets.

Toutes les fois qu'on a obtenu des hybrides entre deux espèces, les deux types se sont mêlés dans les produits en proportion variable; il en a été de même dans les cas où ces hybrides ont été féconds, et l'une des deux espèces associées a fini, après des oscillations diverses, par l'emporter sur l'autre. Les mêmes résultats ont été constatés pour les métis entre deux races. L'espèce et la race se défendent donc quand on les veut faire sortir de la voie naturelle de leurs alliances; après une lutte plus ou moins difficile, la victoire reste nécessairement au plus fort.

De l'atavisme.

D'autre part, quand il se produit quelque variation accidentelle dans l'espèce ou dans la race, on la voit promptement s'effacer, si l'homme n'intervient pas, et c'est ainsi qu'à l'état de nature les types se maintiennent, par l'absorption des individus disparates.

Il y a donc une force propre, une force conservatrice, pour chaque type possédant une fixité suffisante; elle a pour effet la perpétuation des caractères distinctifs des aïeux par les descendants. Elle se manifeste quelquefois sous une forme saisissante, qui est naturellement celle sous laquelle elle a été le plus remarquée. Souvent, dans une même famille, on voit apparaître des individus que leurs caractères, ou seulement un trait saillant de leur organisation, éloignent de leurs parents immédiats, pour les rapprocher de quelqu'un de leurs ancêtres, parfois très-éloigné. C'est ce phénomène que des médecins et des naturalistes ont désigné sous le nom d'*atavisme*, que les éleveurs ont souvent considéré comme une dégénérescence, que les Allemands qualifient de *coup en arrière*, de *pas en arrière* (*Rückschlag*, *Rückschritt*), et auquel on a appliqué aussi la qualification de *loi de retour*.

Le désappointement qu'éprouvent les éleveurs, en présence de ces déviations imprévues, vient de ce qu'ils n'ont pas toujours une notion suffisamment exacte de l'influence des reproducteurs sur leurs produits; de ce qu'ils ont généralement la coutume d'attacher une importance trop exclusive aux deux individus, mâle et femelle, qu'ils choisissent pour l'accouplement; de ce qu'ils leur attribuent une puissance trop absolue de transmission; de ce qu'ils les isolent trop de leurs ancêtres. Le *coup en arrière* n'apparaît comme un accident que parce qu'on l'envisage abstraction faite des principes qui dominent la formation et la conservation des races. Il n'est, en réalité, qu'une particularité dans un ensemble de phénomènes de même ordre.

C'est pour ramener le cas particulier au principe commun qui relie les faits de même nature, que j'ai généralisé la signification de l'*atavisme* et employé ce mot, non comme synonyme de *coup en arrière*, ainsi qu'on me l'a fait dire, mais comme désignation d'une des lois qui président à la perpétuité des types dans les races aussi bien que dans les espèces.

En réalité, l'*atavisme* ainsi entendu n'est autre chose que le faisceau, grossi à chaque génération, des forces individuelles de chacun des reproducteurs précédents, restés soumis aux mêmes influences; c'est la résultante de toutes les forces parallèles, toujours dirigées vers un même but. L'énergie avec laquelle l'espèce ou la race défend son type contre toute altération, avec laquelle, par conséquent, chaque reproducteur transmet intacts les caractères de ce type, est proportionnelle au volume du faisceau ainsi formé, à la somme des forces parallèles ainsi accumulées; elle peut être égale à la force de plusieurs centaines de siècles.

De l'hérédité proprement dite.

Outre cette puissance qu'il tient de ses ancêtres pour en perpétuer la race, chaque reproducteur peut avoir lui-même subi des modifications qu'il est capable aussi de transmettre à ses descendants. Il agit alors en vertu de son activité propre, déterminée elle-même par l'état constitutionnel actuel de l'individu, par son âge, par ses antécédents.

Tout reproducteur, envisagé sous le rapport de la transmission de ses qualités à ses produits, a donc un double rôle : il agit comme représentant de ses ascendants, qui ont, en quelque sorte, déposé en lui tous les germes vivants qu'eux-mêmes avaient reçus de leurs ancêtres; et il agit en raison de sa puissance particulière, pouvant communiquer, dans une mesure déterminée, ses formes actuelles, ses facultés, ses habitudes, ses penchants, ses prédispositions à telle ou telle maladie, l'imminence de telle ou telle difformité. On peut considérer cette double action comme correspondant à un double principe. J'ai appliqué au premier le nom d'*atavisme* ; je conserve au second celui d'*hérédité* proprement dite.

L'*hérédité* ainsi définie indique donc l'action immédiate et actuelle du reproducteur, une influence individuelle; l'*atavisme* représente l'action des aïeux à distance, une influence collective.

Quand ces deux forces agissent absolument dans le même sens, quand l'individu n'a et ne donne rien que ce que possédait et ce qu'aurait donné chacun de ses ancêtres, quand il continue uniquement la puissance de ses ascendants, quand il en reproduit exactement tous les caractères physiques et moraux, quand, en un mot, l'*hérédité* se confond dans l'*atavisme*, il se forme une race fixe, constante, constituant ce que j'ai appelé une *espèce zootechnique*, dans laquelle chaque individu n'est plus qu'une épreuve, tirée une fois de plus, d'une page une fois pour toutes stéréotypée.

J'ai dit précédemment comment se forment et se perpétuent les races dont les caractères restent identiques à eux-mêmes. Le temps est évidemment pour elles une condition nécessaire de leur invariabilité. En fortifiant l'atavisme, à chaque génération il le rend capable de ramener vite au type commun les tendances individuelles à s'en écarter; il permet que tous les germes, légués de reproducteur à reproducteur, puissent se développer, s'épuiser même, et qu'on n'ait pas à redouter quelque retour inattendu venant troubler l'harmonie de l'ensemble.

Les races ne se présentent donc plus à nous aujourd'hui dans les mêmes conditions où elles se trouvaient aux premiers jours de leur existence; la puissance accumulée et concentrée de leur atavisme restreint d'autant plus notre action pour les modifier que leur origine est plus ancienne. C'est un fait dont on oublie trop souvent de tenir compte dans les discussions sur la formation et l'amélioration des races.

Si nous nous reportons aux premiers jours d'une race, alors qu'elle n'est encore représentée que par ses deux reproducteurs primitifs, l'atavisme est nul, ou du moins il ne prend sa source que dans l'idée créatrice qui a engendré la race. L'hérédité seule agit; elle transmet aux produits tout ce que les reproducteurs possèdent de tendances organiques et physiologiques ; et, comme les conditions biologiques restent les mêmes, ces produits ne diffèrent en rien de leurs parents immédiats. Euxmêmes donnent bientôt à leurs descendants tout ce qu'ils ont reçu des auteurs de la race, qui se forme ainsi à la longue, sous cette double influence de causes modificatrices toujours uniformes et de reproducteurs toujours choisis dans le même sang. Les lois de la conservation des races sont ici parfaitement tracées, en même temps que les difficultés pour les modifier sont indiquées. Ces difficultés se résument, on le voit, en un combat plus ou moins vif contre l'atavisme.

Dans cette lutte, les éleveurs qui veulent améliorer leur race sont aidés par l'emploi d'un procédé qui est connu en Angleterre sous le nom d'*in and in*, en Allemagne sous celui d'*inzucht*, et auquel nous donnons pour équivalent en France la *consanguinité*. Il consiste dans l'union des reproducteurs en très-proche parenté, mais demande à être pratiqué au moment convenable et avec certaines précautions.

Des opinions tout à fait opposées ont été émises sur les effets physiologiques de la consanguinité. Suivant les uns, l'alliance des proches parents aurait pour résultat une prompte dégénérescence des produits, l'affaiblissement de leur constitution, une tendance à l'obésité maladive, et la stérilité. Suivant les autres, une telle alliance n'amènerait aucun de ces fâcheux effets, et serait tout aussi innocente que l'accouplement entre reproducteurs de famille, de souche, d'origines différentes. Des faits qui paraissent bien observés servent de base aux unes et aux autres; mais la contradiction entre ces faits résulte de ce qu'on les a mal interprétés, et ne justifie pas la contradiction entre les opinions.

On constate, en effet, qu'à l'état de nature, et pour ceux de ces animaux qui de domestiques sont redevenus indépendants, comme les bêtes à cornes et les *alzados* en Amérique, les *tarpans* en Asie, la consanguinité, loin d'être nuisible, est, au contraire, le moyen qui a formé le premier noyau du groupe, et qui le perpétue dans ses aptitudes comme dans sa caractéristique. Pour les races perfectionnées, la consanguinité a joué un rôle tout à fait semblable; elle a consolidé les résultats que les améliorateurs s'étaient efforcés d'obtenir. C'est ainsi qu'il en a été pour la race anglaise des chevaux de course. Nous verrons que le procédé a parfaitement réussi pour toutes les races bovines qui ont été l'objet des soins heureux des éleveurs, notamment pour la race de Durham; nous trouverons, dans cette race, des exemples nombreux d'unions consanguines, fréquemment incestueuses, répétées plusieurs fois de suite, dans les deux lignes d'ascendance, par le même taureau avec sa propre mère et avec les femelles nées ainsi durant une longue série de générations. Non-seulement ni les produits, ni la race n'ont souffert de ces accouplements ; ils y ont gagné.

La consanguinité n'est donc pas en elle-même, par le seul fait de la parenté rapprochée, une cause de dégénérescence. Si l'on a pu citer quelques faits qui pousseraient à une conclusion contraire, c'est qu'on n'a pas su démasquer les influences de nature tout autre qui agissaient dans les unions consanguines. C'est ainsi, par exemple, qu'on a récemment parlé, dans un congrès des agriculteurs allemands, de l'abâtardissement des races porcines anglaises dû à la consanguinité. On n'a pas remarqué que ces races, ayant une tendance à l'embonpoint excessif, sont, plus que d'autres, exposées à un affaiblissement de l'énergie vitale, qui peut amener une diminution de la fécondité chez les mères, plus de chances à la maladie et à la mortalité chez les porcelets. Si l'on n'y prend garde dès le début, ces dispositions finissent par acquérir la prépondérance. Il s'agit ici d'une de ces limites qu'il faut savoir ne pas franchir, quand on applique les principes de la spécialisation.

C'est pour des raisons de même ordre, parce qu'on n'a pas été conseigné sur l'état de santé et l'énergie des ancêtres, parce qu'on a passé par-dessus des indications morbides, qu'on a aussi trouvé, dans l'espèce humaine, des exemples contraires à la consanguinité. Il est vrai qu'on en connaît aussi bon nombre, ceux-là circonstanciés, qui démontrent l'innocuité absolue des unions consanguines. Des travaux sérieux ont été faits sur les temps primitifs du monde, et ont établi que les mariages entre les plus proches parents n'ont exercé aucune influence fâcheuse sur notre espèce. De nombreuses observations ont prouvé qu'il en est encore ainsi de nos jours. Si je parle de l'espèce humaine, ce n'est pas que je prétende qu'on peut toujours lui appliquer les conséquences rigoureuses des lois physiologiques auxquelles on soumet impunément les animaux; c'est que le préjugé sur les pernicieux effets de la consanguinité a pris naissance dans les prescriptions légales qui défendent les alliances entre parents à degrés rapprochés. Les législateurs ont été guidés, pour for-muler ces prohibitions, par des considérations morales et sociales tout à fait indépendantes de la physiologie, qui reste de son côté complétement dégagée de tout lien avec des faits et des idées d'un ordre entièrement différent. Les animaux ne sont régis que par les lois physiologiques.

Ce que j'ai dit de l'atavisme et de l'hérédité peut permettre de com-prendre l'influence réelle, l'essence même de la consanguinité, et rendre raison de l'opposition qui semble exister entre les faits qui s'y rattachent.

Quand l'union consanguine a lieu entre reproducteurs appartenant à une même race, à une même famille, bien définie et bien constante, cette union ne saurait produire aucune altération dans les caractères acquis; l'hérédité et l'atavisme agissent absolument dans le même sens, et la consanguinité ne pourrait qu'en resserrer plus étroitement l'accord. Mais quand, par l'emploi de moyens appropriés, les éleveurs sont parvenus à réaliser sur un certain nombre d'individus les modifications qu'ils pour-suivaient, il leur faut employer ces individus à la perpétuation des nou-veaux caractères. Or les sujets qu'ils peuvent employer comme repro-

ducteurs sont en petit nombre au milieu de la race dont ils se détachent; le rôle qui leur est confié consiste à faire triompher l'hérédité, leur puis-sance récemment acquise sur l'atavisme, sur la force de résistance accu-mulée par le temps. L'alliance répétée en proche parenté amène ce résultat; elle réunit jusqu'à les confondre les influences individuelles semblables, forme un faisceau des hérédités qui peuvent agir dans le même sens, et parvient à constituer ainsi la nouvelle famille, qui devien-dra une nouvelle race.

La consanguinité n'est donc autre chose qu'un mode d'alliance propre à concentrer l'hérédité, et à lui permettre d'agir avec une énergie pro-portionnée à cette concentration. Elle a nécessairement une puissance égale pour le mal et pour le bien. Si les reproducteurs sont irréprochables par eux-mêmes et par leurs ancêtres, les accouplements consanguins as-surent la transmission de leurs caractères. S'ils ont quelque défaut caché, ou s'ils tiennent de leurs ascendants quelque tendance fâcheuse, ils les transmettent avec la même certitude. De là les différences entre les résul-tats attribués à la consanguinité. C'est donc avec la plus grande prudence qu'on doit unir les proches parents; le scrupule ne saurait aller trop loin; il ne faut pas que les reproducteurs puissent être seulement soup-çonnés. Aussi la consanguinité ne saurait-elle jamais être pratiquée dans l'espèce humaine avec la même sécurité que chez les animaux. Ceux-ci peuvent être bien connus, individuellement et dans leur ascendance, et c'est seulement d'après les convenances physiologiques que leur accou-plement est décidé. Chez l'homme, au contraire, on prend en considéra-tion des convenances d'un tout autre ordre pour former les alliances; on s'enquiert rarement de l'état de santé habituel et des tendances des con-joints; on ne remonte jamais quelques générations pour se renseigner sur leurs familles. Il est vrai que, la plupart du temps, on est dans l'im-possibilité de prendre, sur tous ces points, des renseignements précis, tant les mélanges de sang ont été variés dans le passé, tant les maladies dont l'homme peut être frappé ou peut hériter sont nombreuses, tant leurs complications et leurs transformations sont diverses. Aussi, conformément aux principes physiologiques seulement, et indépendamment de tout autre motif, les mariages entre proches parents présentent des dangers qui doivent les faire généralement craindre.

D'après sa nature propre, la consanguinité est un procédé que l'éleveur ne peut appliquer que lorsque les reproducteurs lui offrent, déjà bien établis, les caractères qu'il s'agit de perpétuer. L'*in and in* n'est pas une méthode de modification, c'est un moyen de fixation. Il profite des résultats individuellement acquis, et les groupe rapidement en une puissante résultante; il constitue une force au bénéfice des générations suivantes; il économise le temps; il abrége le nombre des degrés à franchir entre le point de départ et le point d'arrivée; il fait, comme j'ai cru pouvoir le dire ailleurs, de l'*atavisme à bref délai*.

Conséquences pratiques des lois de la reproduction.

Plusieurs conséquences découlent de la manière dont je viens de présenter l'action des reproducteurs et la formation des races. La première et la plus importante, celle qui les renferme toutes en réalité, c'est qu'on ne doit jamais, quel que soit le but qu'on poursuit, choisir un reproducteur uniquement pour lui-même, isoler l'individu de sa race, compter sur l'hérédité sans l'atavisme. Juger un reproducteur d'après sa conformation seulement, ou même par son action dans une épreuve, et faire abstraction de son passé, du passé de sa race, de sa valeur comme représentant de ses aïeux, c'est s'exposer aux résultats les plus inattendus, et engager follement une partie contre le hasard. Je dirai même qu'un individu appartenant à une excellente race bien conformée, mais s'éloignant de sa race par quelques différences légères, tout accidentelles, offrira moins de danger, comme reproducteur, qu'un individu plus irréprochable en lui-même et dérivant d'une race inférieure faiblement constituée. Dans le premier cas, la puissance de l'atavisme corrigera ce que l'hérédité aurait de tout

à fait personnel; dans le second cas, l'influence de l'hérédité ne pourra lutter utilement contre l'action prépondérante des ancêtres; c'est-à-dire que jamais l'atavisme ne saurait perdre ses droits.

Ainsi se justifie le haut prix que les peuples qui se sont occupés de la production animale avec le plus d'intelligence et de succès ont toujours attaché à connaître la généalogie des reproducteurs. Grâce aux *stud books*, aux *herd books*, l'éleveur peut se renseigner sur la valeur des ascendants d'un reproducteur, et asseoir ses espérances sur une base solide; d'autre part, un bon produit donne une idée favorable de son ascendance, en établit ou en confirme la réputation. Les erreurs qu'ont commises, les mécomptes, les revers qu'ont éprouvés les éleveurs qui avaient placé toute leur confiance, tout l'avenir de leur bétail dans le choix exclusif des reproducteurs qui paraissaient excellents, ont leur explication dans la supériorité tout individuelle de ces reproducteurs, qui ne puisaient pas dans l'atavisme une force suffisante de transmission.

Conséquences des deux méthodes de sélection et de croisement.

Les principes que je viens d'exposer sur l'action des reproducteurs considérés comme source des caractères de leurs produits, et sur les lois qui règlent la puissance complexe de l'hérédité, vont nous permettre d'apprécier en quoi consistent, dans leur essence et dans leurs effets, les deux grandes méthodes qu'on oppose fréquemment l'une à l'autre, et qui partagent les opinions de la pratique et de la science. Je veux parler de la *sélection* et du *croisement*.

De la sélection.

Le mot *sélection*, auquel on donne quelquefois pour synonymes d'autres dénominations d'un sens analogue, est employé généralement pour désigner le système connu aussi sous le nom d'*amélioration des races en elles-mêmes*. Cette dernière appellation présente une idée plus exacte de l'opération à laquelle elle est appliquée : elle indique de suite que, pour son travail d'amélioration, l'éleveur n'entend emprunter aucun secours étranger, et qu'il veut se renfermer exclusivement dans son milieu et dans sa race. Le mot *sélection* semble dire que le choix, l'élection des reproducteurs caractérisent exclusivement cette méthode, et laisse dans l'oubli toutes les influences d'élevage et d'éducation physiologique auxquelles, cependant, il faut recourir pour modifier la race, avant de pouvoir lui demander des reproducteurs améliorés et améliorateurs.

Sous le bénéfice de cette observation capitale, et en n'ayant égard qu'au choix des reproducteurs, seul côté de la question qui nous intéresse maintenant, il est facile de voir en quoi consiste cette amélioration des races en elles-mêmes, ce qu'elle promet et ce qu'elle donne.

L'atavisme oppose ici des difficultés; il se présente comme obstacle aux modifications qu'il s'agit de faire subir à une race. L'obstacle est faible, si la race est incertaine et flottante; il est puissant, si la race est anciennement constituée. Alors, en effet, la race est ce qu'elle est par suite de l'action prolongée d'influences toujours semblables, et, en particulier, de l'influence des ascendants, qui ont propagé les aptitudes et même les défauts que l'amélioration se propose précisément de corriger. La lutte sera plus vive si les caractères à changer affectent des parties ou des fonctions importantes de l'économie, et s'ils se trouvent en opposition avec les caractères qu'on leur veut substituer.

On a prétendu que jamais l'atavisme ne peut être vaincu par la sélection; c'est une erreur évidente. Tout le monde sait que, dans toute race, dans la plus homogène et la plus constante, comme dans la moins caractérisée et la moins fixe, il existe toujours des individus qui portent les qualités de la race avec plus d'ensemble et en accusent moins les imperfections. Ceux-là serviront évidemment de pères à la race améliorée, leur action étant assurée, d'ailleurs, par les modifications qu'auront reçues et que continueront à recevoir les conditions d'élevage, de régime, d'éducation physiologique.

Ainsi, dans l'amélioration d'une race en elle-même, on rencontre d'abord l'atavisme comme antagoniste, mais sa résistance n'est que partielle; car, d'autre part, comme les moyens modificateurs employés n'introduisent dans la race aucun élément inconnu, aucun de ces germes latents dont on puisse redouter l'apparition subite et perturbatrice, les progrès accomplis sont réels, profonds, bien et définitivement acquis. L'opération de l'éleveur marche d'accord avec l'action du cultivateur; les améliorations du bétail s'accommodent aux améliorations du sol; pas de grosses avances à débourser, pas d'écoles à faire, une marche continue vers le but, sans arrêt, sans retour en arrière, sans crainte d'erreur ni d'insuccès.

Les avantages de cette méthode se résument donc dans la sûreté de l'effort; ses inconvénients, dans la lenteur du mouvement. On vient de voir comment les uns et les autres dérivent des principes à l'aide desquels se peut expliquer le rôle des reproducteurs.

C'est contre cette lenteur du progrès que les éleveurs s'impatientent quelquefois; espérant précipiter l'amélioration, ils accouplent des reproducteurs qui offrent entre eux des contrastes brusques, des oppositions violentes, et n'obtiennent que des produits décousus, sans harmonie; ils reculent pour avoir voulu marcher trop vite.

C'est aussi pour échapper à cette lenteur, répondant si mal, il faut le reconnaître, aux besoins changeants et pressés comme ils sont aujourd'hui, qu'on s'est jeté aveuglément dans les mélanges de races, dans ce qu'on appelle, d'une manière générale, le *croisement*. Afin d'apprécier convenablement la valeur de cette idée et le sens des opérations auxquelles elle a conduit, il est nécessaire de préciser d'abord la signification du mot *croisement*, qui a reçu des acceptions fort diverses pour des pratiques très-différentes.

Dans la langue du naturaliste, le mot *croisement*, auquel on donne pour synonyme le mot *métissage*, représente l'alliance entre deux reproducteurs appartenant chacun à une race distincte ; on l'oppose au mot *hybri-dité*, par lequel on entend l'alliance entre deux individus qui ne sont pas de la même espèce ; nous n'avons rien à en dire ici.

Sous l'appellation commune de *métis* ou d'animal *croisé*, on comprend donc tout produit provenant d'un mélange entre deux ou plusieurs races. Le mélange peut avoir lieu de bien des manières différentes, qui n'ont été ni distinguées, ni dénommées par la zootechnie, dont la langue, comme la doctrine, reste presque tout entière à faire. Il est, cependant, deux modes principaux de combinaisons, qu'il est indispensable de ne pas confondre, parce qu'ils se distinguent fondamentalement l'un de l'autre par le procédé et par le résultat.

L'un de ces systèmes consiste, à proprement parler, dans l'absorption d'une race par une autre, par l'accouplement d'un mâle pur emprunté à une race, avec une femelle prise dans une autre race, pour la première génération, puis par l'emploi continu et exclusif du même mâle pur avec les femelles obtenues à chaque génération ultérieure ; les mâles issus de ces alliances successives sont exclus de la reproduction.

L'autre procédé se propose la formation d'un produit intermédiaire à deux reproducteurs, quelques personnes disent aussi, d'une race inter-médiaire à deux races, pour arriver, dans le produit nouveau ou dans la sous-race, à une combinaison, en proportions déterminées par le *but* qu'on veut atteindre, des caractères de chacun des deux reproducteurs, de chacune des deux races composantes.

Différence fondamentale entre le croisement suivi et le croisement diffus.

J'avais réservé jusqu'à présent le mot *croisement* pour désigner la pre-mière de ces méthodes, et le mot *métissage* pour distinguer la seconde. Mais, comme ces deux mots sont indifféremment employés dans le lan-gage courant et même zoologique pour indiquer les unions de toute sorte entre les races, je crois qu'il sera plus clair d'adopter une qualification

spéciale pour chacune des deux opérations. J'appellerai la première *croi-sement* ou *métissage suivi*, et la seconde *croisement* ou *métissage diffus*.

Dans le *croisement suivi*, on rapproche donc progressivement une race d'un type pur, défini, existant en une race distincte. Dans le *croise-ment diffus*, on éloigne plus ou moins un produit de chacun des deux types formateurs, de manière à façonner un type participant à la fois des deux, mais ne ressemblant complétement ni à l'un, ni à l'autre.

Dans le *croisement suivi*, on efface l'une des deux races pour laisser ap-paraître l'autre dans toute sa pureté. Dans le *croisement diffus*, on amoin-drit deux individus, sans détruire ni l'un ni l'autre, pour en tirer un produit mixte.

Dans le *croisement suivi*, on n'emploie comme reproducteurs que les mâles purs de la race qui doit triompher et survivre. Dans le *croisement diffus*, on applique à la reproduction les reproducteurs quels qu'ils soient, dès qu'on suppose qu'ils conduiront à la combinaison particulière d'aptitudes dont il est de l'essence du système de poursuivre la réalisation.

Le *croisement suivi*, en un mot, ne fait pas de race : il ente une race sur une autre ; il prend la race locale comme sujet, la race qui croise comme greffe ; utilise la vitalité de la première au profit de la seconde, pour ne laisser dominer, vivre, fructifier que celle-ci.

Le *croisement diffus* veut créer une race, en dosant librement, qualité et quantité, tous les éléments qu'il extrait des combinaisons où il les trouve engagés.

La nature propre de chacune des deux opérations, leur but, les moyens, les dangers, les conditions de succès sont tous mis en évidence par sa définition même.

Ainsi, dans le *croisement suivi*, qui n'est autre chose, en définitive, que l'absorption d'une race par une autre, la race menacée de disparaître résistera de toutes les forces de l'hérédité et de l'atavisme. Mais, comme les conditions générales de milieu, l'éducation physiologique, toutes les influences auront été et continueront d'être combinées en faveur du résultat poursuivi, l'action du reproducteur choisi se trouvera puissamment aidée. Cette action sera d'ailleurs d'autant plus rapide et plus sûre que la race croisante l'emportera davantage par une puissance plus intense d'hérédité et d'atavisme, par plus de constance, plus de spécialité dans les aptitudes, par une supériorité physiologique plus grande des reproducteurs mâles employés. D'autre part, comme on procède par l'emploi unique et persévérant du mâle de la race croisante, comme chaque génération fortifie l'action de cette race et affaiblit celle de la race croisée, comme la première va toujours gagnant ce que la seconde perd, et même davantage, un jour arrivera où l'absorption sera complète, si l'on n'arrête l'opération que ce jour seulement. Mais, si l'issue n'est pas douteuse, le succès est tardif, et, sous ce rapport, il en est du croisement suivi comme de l'amélioration des races en elles-mêmes : l'une et l'autre méthode marchent certainement, mais lentement.

Quant au *croisement* ou *métissage diffus*, c'est une opération bien difficile et bien chanceuse, et par la nature du problème qu'on veut résoudre, et en raison de la qualité des reproducteurs qu'on met en rapport. En effet, les aptitudes qu'il faut obtenir n'appartiennent en propre à aucune des races associées, puisqu'il s'agit d'atteindre à un état intermédiaire, artificiellement produit par l'union de deux reproducteurs, issus de deux races qui sont disparates quant au résultat futur. C'est donc déjà une grande difficulté d'apprécier assez exactement la puissance propre d'hérédité et d'atavisme des deux reproducteurs, de calculer assez rigoureusement les proportions dans lesquelles doivent se combiner leurs qualités et leurs défauts, pour arriver à la moyenne précise qu'on a en vue de réaliser. Il se produit là des attractions, des neutralisations réciproques qu'il est bien délicat de définir, bien difficile, pour ne pas dire impossible,

de prévoir. On reste en deçà du but, ou on le dépasse ; il faut, car c'est là la donnée du problème, retrancher à l'un des deux reproducteurs ou lui ajouter. Mais alors s'introduisent, par l'intervention du reproducteur nouveau, des germes nouveaux qu'on ne peut ni maîtriser ni détruire, et qui exigent d'autres combinaisons, d'autres efforts.

Après bien des oscillations, admettons qu'on soit arrivé au dosage exact qu'on a si péniblement cherché ; il s'agit de fixer le résultat acquis. Les difficultés grandissent et atteignent décidément les proportions d'impossibilités. D'abord il faut trouver le pareil, l'égal en tout de ce métis, son *alter ego* dans un autre sexe, et l'on retombe bientôt dans toutes les vicissitudes, toutes les perplexités premières. A-t-on mis enfin la main sur le couple précieux, il faut en tirer souche, et c'est alors qu'on demande à ces reproducteurs de donner ce qu'ils n'ont pas, ce qu'ils ne peuvent avoir : car ils n'ont pas d'atavisme, ils n'appartiennent pas à une race définie, ils ne sont rien qu'un mélange accidentel de germes jetés, pour ainsi dire, en dehors de leur cercle mutuel d'attraction, cherchant leur milieu, leur loi, leur harmonie, et la cherchant longtemps. La trouvent-ils enfin? L'application des principes sur lesquels je me suis appuyé tant de fois répond négativement. Le produit intermédiaire oscille de l'une à l'autre des races composantes, et celle des deux races qui possède l'atavisme le plus puissant finit par l'emporter sur l'autre ; souvent même il ne reste, comme résultat final, qu'une population de métis plus ou moins disparates et décousus, sans nulle force de transmission héréditaire.

Les deux modes de croisement que nous venons de distinguer et de définir ne sont pas les seules formes sous lesquelles on puisse comprendre les associations entre races ; mais ce sont les principales, et elles entrent comme éléments dans toutes les combinaisons possibles. Par exemple, après avoir procédé par le *croisement diffus* pour un certain nombre de générations, on peut recourir au *croisement suivi*, s'y tenir, ou revenir en arrière par l'emploi des métis obtenus; on peut, en un mot, osciller de l'une à l'autre méthode durant un temps plus ou moins long, et varier le choix des reproducteurs selon qu'on espère ajouter ou retrancher tel ou tel caractère au produit. Quel que soit le moyen adopté, ce produit ne mènera jamais à une race définitivement constituée; mais le groupe, la famille d'animaux qu'on aura pu former aura d'autant plus de chances de se distinguer et de durer qu'on se sera rapproché davantage des procédés du croisement *suivi*; qu'on aura plus fréquemment employé la race la plus puissante d'atavisme; qu'on aura pris plus de soin pour affaiblir l'influence de la race la plus faible. Ainsi, quand on allie un mâle puissant par son atavisme à une femelle dont l'action comme reproductrice a été préalablement annihilée, pour ainsi dire, le produit reçoit du père une empreinte plus profonde et plus durable, qui le maintient plus près du type paternel que du type maternel; la femelle est réduite au rôle de matrice et de nourrice; si l'on continue de la sorte pendant plusieurs générations, le type paternel parvient à dominer et à imposer sa caractéristique aux descendants pour un temps plus ou moins long. C'est un exemple de cette nature que nous offrent les moutons dits de la Charmoise, et que M. Malingié a obtenus en donnant le bélier New-Kent à des brebis chez lesquelles l'action de l'atavisme avait été troublée par le mélange du sang de quatre races différentes. Dans de semblables circonstances, ce qu'il faut redouter c'est, en quelque sorte, la résurrection d'un des types confondus dans la souche des femelles, la prépondérance soudaine de l'*ignobilité* maternelle, plus ou moins prononcée, tantôt dans un sens, tantôt dans un autre. Les moutons dont je viens de parler nous présentent des exemples de ces accidents.

L'histoire des races et des tentatives de modification dont elles ont été l'objet, dans toutes nos espèces domestiques, confirme les principes que j'invoque; ces principes eux-mêmes ne sont, en définitive, que la systématisation des faits bien observés. Or, dans l'histoire des animaux domestiques je connais plusieurs races améliorées en elles-mêmes; je n'en connais qu'une qui ait été formée par croisement *suivi*, la race anglaise des chevaux de course; je n'en connais pas une qui ait été obtenue par croisement *diffus*, j'entends une race fixe, constante, se perpétuant elle-même, toujours la même. Avec bien des efforts, en mettant au service d'une rare intelligence une persévérance plus rare encore, quelques éleveurs ont poursuivi cette création; aucun ne l'a *réalisée*. Les plus habiles ou les plus heureux ont réuni de petits noyaux, qu'ils maintenaient à grand'peine, et qui se modifiaient, s'évanouissaient dès qu'ils sortaient des mains de leur auteur. La famille de moutons dont j'ai parlé tout à l'heure nous en offre un exemple; j'en pourrais citer quelques autres. Les races ovines connues en France sous le nom commun de métis-mérinos sont bien loin d'être homogènes; elles le sont d'autant moins qu'elles ont moins reçu de sang mérinos. Dans les pays où se trouvent ces races, les propriétaires des meilleurs troupeaux ont renouvelé, à diverses dates, et renouvellent encore l'action du bélier espagnol, en le demandant à leurs voisins qui élèvent des mérinos purs. L'Allemagne, quand elle a eu créé sa belle race électorale, l'a employée, le plus ordinairement par croisement *suivi*, pour améliorer la laine des troupeaux ordinaires dans le sens de la finesse; elle a obtenu des résultats absolument du même ordre que ceux dont nous avons été témoins en France pour les croisements mérinos; elle n'a pas fait de race croisée.

Il faut, toutefois, faire une remarque importante, que je me contenterai d'indiquer, sur la facilité avec laquelle la toison se prête à des combinaisons de caractères entre les races mélangées. De tous les systèmes organiques, l'appareil entané avec ses dépendances est celui sur lequel les impressions de toutes sortes s'exercent avec le moins de difficulté et le plus de puissance. Bien qu'il n'échappe pas, plus que les autres, à la force de l'atavisme, c'est celui qui reste davantage sous l'influence modificatrice propre des reproducteurs, sous l'action immédiate de l'hérédité;

c'est celui qui demeure, pour ainsi dire, le plus individuel. Moins profond, plus indépendant dans l'organisation, il est, au fond comme dans la forme, plus extérieur à la machine, plus disposé à se laisser modifier. Aussi est-ce sur cet appareil que le croisement *diffus* a le plus de prise, et dans les caractères de la robe, des poils, de la laine, que se mêlent le mieux les qualités particulières des reproducteurs.

De cette aptitude spéciale des appendices cutanés il résulte que l'on peut obtenir, dès la première génération, et alors surtout, des moutons métis dont la laine participe assez exactement pour moitié des propriétés qui distinguent chacune des deux races accouplées. Ces premiers métis peuvent même transmettre ces caractères moyens de leur toison. De là l'illusion sur la certitude du rôle ultérieur des descendants; mais ils ne peuvent faire race; car cette faculté de transmission s'altère, en fin de compte, à mesure que croît le nombre des générations qu'on obtient, pour les modifications superficielles comme pour les changements de tendances et de conformation.

J'ai dit que les chevaux anglais de course nous offrent le seul exemple connu d'une race sortie du croisement *suivi*. Rien n'est plus intéressant ni plus utile à étudier que l'histoire de la formation de cette race. Je ne puis ici que fournir des indications propres à appuyer les doctrines que je résume, et, par conséquent, ce n'est pas le lieu d'ébaucher même l'histoire de la race anglaise de course: j'en rappellerai, cependant, les principales phases successives, pour faire voir comment les principes s'y trouvent justifiés.

Dès une époque ancienne, les étalons orientaux sont introduits en Angleterre; ils y sont accouplés à des juments du pays, puis aux juments issues de ces premières alliances. A mesure que se multiplient les générations, l'étalon oriental imprime son cachet, d'une manière plus évidente et plus sûre, aux produits qu'il donne, et les rapproche de plus en plus de lui : c'est le propre du croisement *suivi*. Après avoir continué ces pratiques pendant un temps très-long, on importe, non plus seulement des étalons, mais aussi des juments de l'Orient; la race orientale elle-même se reproduit en Angleterre, et l'on peut, dès lors, verser le sang de cette race, à la fois par les femelles et par les mâles, dans les veines des animaux déjà fort avancés par les étalons seuls vers le type oriental. Il va sans dire que tout, dans l'élevage, dans l'éducation, dans l'alimentation, dans les épreuves, dans le choix des reproducteurs, concourt au même but. D'excellents étalons orientaux continuent d'être introduits en Angleterre ; ils trouvent le terrain admirablement préparé pour recevoir leur influence, et bientôt on distingue un certain nombre de familles possédant les qualités et la conformation requises. On allie entre elles ces familles d'élite ; on pratique étroitement l'*in and in*, à ce point qu'il n'y a pas aujourd'hui un seul cheval qui ne compte, à cinq ou six générations en arrière, les mêmes ancêtres illustres que ses congénères, dans son ascendance. La race locale est si complétement absorbée qu'il n'en reste plus, depuis longtemps déjà, trace ni souvenir. C'est le fruit de plusieurs siècles d'efforts.

On a émis un doute sur la certitude du résultat final dans le croisement *suivi*; on a prétendu que l'absorption n'est jamais entière; qu'il reste dans la race substituée, après un temps aussi long qu'on voudra de l'application du procédé, un germe aussi minime, aussi affaibli qu'il plaira de se l'imaginer, de la race locale; que ce germe peut se réveiller à un moment donné, et que, s'il ne manifeste pas sa présence, il n'en subsiste pas moins.

Il faut remarquer d'abord que si ce germe est si petit, *si invisible*, qu'il se trouve insensible, si réduit qu'il reste latent, on n'en peut constater la présence, et qu'en tout cas on n'en peut rien redouter. Mais l'hypothèse en elle-même est sans fondement. Ceux qui l'ont formulée sont habitués à se représenter les influences des reproducteurs par des combinaisons de nombres ou de matières pondérables. Or, la nature organique ne se prête pas à ces calculs et à ces dosages; et, d'autre part, les faits d'observation et d'expérience établissent l'élimination entière d'un des deux types sous l'influence prépondérante des reproducteurs mâles de l'autre. Quand le croisement est suffisamment éprouvé par une série de générations semblables, quand les caractères sont notoirement fixés, quand l'œil le plus difficile et le plus jaloux ne trouve plus le moindre souvenir de la race croisée, on peut affirmer qu'il ne reste absolument rien de cette race; il n'en reste même pas un atome, ce que l'imagination pourrait retrouver dans l'océan d'une goutte de vin qu'on y aurait laissé tomber de la pointe d'une aiguille. Aussi je n'hésite pas à dire que la race anglaise de course est une race pure, au même titre que la race orientale dont elle émane.

Les chevaux anglais nous offrent le seul exemple connu d'une race pour laquelle le croisement *suivi* ait été pratiqué jusqu'à substitution absolue d'un type à un autre; mais il a été fait des tentatives dans le même sens qui nous fournissent des faits propres à corroborer ceux que l'histoire des chevaux anglais met en évidence, et marquent, pour ainsi dire, des phases diverses dans l'opération du croisement *suivi*. Nous rencontrons de ces faits dans l'étude des races bovines, notamment à propos de la race d'Anspach, des croisements pratiqués en Bohême de la race morave de Kuhland.

Il n'existe aucune race obtenue par croisement *diffus*, comme je l'ai déjà dit, et il ne peut en exister, comme le proclament avec moi tous ceux qui ont étudié attentivement les faits. Parmi les essais le plus longtemps poursuivis dans cette voie, on peut citer ceux dont nos chevaux anglo-normands ont été l'objet, et ceux auxquels ont été soumis nos chevaux du Midi avec l'étalon anglo-arabe. Mais il y aurait plus que de l'aveuglement à les présenter, non pas seulement comme ayant donné une race, mais comme annonçant même l'apparition plus ou moins prochaine de la race cherchée.

L'erreur de ceux qui croient à l'efficacité du croisement *diffus* vient de plusieurs illusions que l'observation des faits aurait pu depuis longtemps dissiper. Ils raisonnent sur les accouplements et sur leurs effets absolument comme s'il s'agissait d'arithmétique ou de chimie. Ils modifient leurs formules au gré de leur dessein, empruntent à cette race, retranchent à celle-ci, versent un peu du sang de l'une, pour revenir en deçà de la limite qu'ils avaient dépassée en versant du sang de l'autre. L'équation et le dosage précis qu'ils poursuivent d'oscillation en oscillation, de tâtonnement en tâtonnement, leur échappent toujours.

Il y a lieu d'être étonné de voir appliquer les procédés des sciences mathématiques et physiques à des phénomènes d'un ordre qui ne les comporte pas. Vouloir préciser en chiffres la valeur d'un reproducteur, sa puissance d'hérédité et d'atavisme, c'est chercher évidemment à se tromper. Les faits donnent journellement un démenti à de telles visées et aux appellations par lesquelles on représente les fractions de sang que possèdent les métis. Si les noms de demi-sang, de trois quarts de sang, de sept-huitièmes de sang, veulent indiquer autre chose que le degré de parenté, l'ordre des générations; s'ils prétendent doser le sang des reproducteurs dans leurs produits, il faut renoncer à les employer, comme étant tout à fait inexacts. Ne sait-on pas, par exemple, que des demi-sang se rapprochent de la race pure plus que ne le font certains trois quarts de sang; et tel reproducteur mâle n'a-t-il pas la faculté de donner, avec telle femelle, des produits de premier croisement bien plus près du père que ne le sont des produits de deuxième génération?

Ceux qui s'illusionnent encore sur les effets du croisement *diffus* veulent bien admettre qu'on n'obtiendra pas de race, si l'on s'arrête dès la première ou la seconde génération, en considérant le résultat comme tout à fait acquis; mais ils prétendent que la race métisse sortira de l'épreuve, si l'on poursuit l'opération pendant longtemps.

D'abord on doit remarquer qu'aucun exemple ne peut être invoqué à l'appui de cette thèse. De plus, les reproducteurs intermédiaires sont, comme je l'ai dit plusieurs fois, impossibles à rencontrer en nombre suffisant et de suffisante ressemblance pour qu'on les puisse considérer comme possédant des caractères identiques; enfin, trouvât-on ces conditions réunies, que le nombre croissant des générations entre les métis, bien loin d'amener de la fixité, produirait des différences de plus en plus marquées. A vrai dire, ce serait précisément dès le début qu'on pourrait espérer les résultats les plus favorables, car c'est alors que la puissance propre des reproducteurs nouveaux est la plus grande; elle s'affaiblit avec le nombre des générations, et l'atavisme de l'une des deux races composantes l'emporte bientôt assez pour qu'on soit ramené forcément en arrière.

Objections contre l'efficacité de la sélection comparée au croisement.

Malgré les enseignements de l'expérience, conduisant à la théorie que je viens de résumer, on entend souvent encore des partisans du *croisement* en général l'opposer à la *sélection*, comme moyen d'améliorer les races, et le préférer pour des avantages qui lui seraient propres. La comparaison entre les deux procédés est déjà, par elle-même, une faute contre la logique : on ne peut comparer que des choses qui ne diffèrent pas absolument l'une de l'autre par leur nature, par leur allure propre, par les résultats qu'elles donnent. Quant à l'opinion sur la supériorité du croisement, on a voulu l'établir par un certain nombre de considérations dont je passerai rapidement les principales en revue.

La sélection serait plus lente que le croisement à améliorer les races.

On a reproché d'abord à la sélection d'être lente dans sa marche, tardive dans ses résultats; on affirme que le croisement serait plus expéditif et que, dès la première *génération*, il approcherait de la perfection bien plus que ne le pourrait faire un siècle d'efforts de la part des éleveurs les plus habiles.

En reconnaissant que la sélection agit avec lenteur, il ne faudrait

cependant pas croire que les résultats qu'on en attend ne peuvent être atteints qu'après un temps excessivement long. L'éloignement du terme dépend de la plus ou moins grande facilité de l'amélioration à obtenir: cette facilité de l'opération elle-même varie avec la distance à laquelle l'éleveur se trouve du but auquel il veut arriver; cette distance est donnée par la nature du milieu dans lequel on opère, et par l'état actuel de la race par rapport au type auquel on veut la conduire. Le croisement lui-même, à supposer qu'il fût efficace, serait forcé de compter avec ces exigences. Le croisement suivi absorberait plus ou moins rapidement la race destinée à disparaître, et l'exemple de la race anglaise de course montre que le résultat doit être attendu bien longtemps; le croisement *diffus* prolongerait la tentative indéfiniment.

Ce qui fait naître généralement la confiance dans le croisement, c'est une surprise des yeux. On voit, en effet, que l'alliance du reproducteur mâle d'une race perfectionnée avec une ou plusieurs femelles d'une race attardée encore dans la voie du progrès donne communément un produit que sa conformation et même ses aptitudes rapprochent de la race paternelle. C'est ce qui arrive, par exemple, pour l'union du taureau Durham avec une vache charolaise, mancelle, normande; c'est ce qui arrive, d'ailleurs, pour toutes les espèces domestiques, pour peu que l'accouplement soit bien entendu. Ce moyen est même le plus facile d'obtenir un animal qui puisse jouer promptement le rôle d'une bête améliorée. Mais quand on ne vise pas à obtenir seulement un succès de concours, quand on ne veut pas se résigner à emprunter pour chaque saillie le reproducteur d'une race étrangère, quand on travaille au perfectionnement du bétail pour le présent et pour l'avenir, le croisement ne saurait faire illusion. Il s'arrête à l'*individu*, il ne peut rien pour la race; il donne souvent de bons *produits*, et ne saurait jamais former que des *reproducteurs* douteux. Par des voies différentes, toutes les formes de croisement détruisent les races.

auxquelles on les applique et les détruisent sans retour; la sélection seule les améliore.

Cette certitude du succès compense bien les quelques inconvénients que présente la lenteur inhérente à la marche de la sélection; elle récompense l'éleveur de sa persévérance. Mais la lenteur qu'on reproche à la méthode de la sélection a aussi par elle-même des avantages; elle s'accommode à l'état de l'agriculture dès le point de départ; elle suit les progrès d'une économie rurale de plus en plus améliorée.

À cette accusation de lenteur on a ajouté, contre la sélection, celle d'être coûteuse, plus coûteuse et moins rémunératrice que le croisement. Les motifs qu'on allègue sont ceux-ci : l'éleveur qui entreprend l'amélioration de la race en elle-même doit donner aux reproducteurs et aux élèves des soins plus attentifs; il doit les soumettre à un régime plus dispendieux que par le passé. Mais l'amélioration se prononce si lentement, que ce surcroît de peine, de temps, de fourrages dépensés reste, pendant bien longtemps, disproportionné avec la valeur des nouveaux produits. Qu'il s'agisse, par exemple, d'améliorer une race en vue de la production précoce de la viande : jusqu'à ce que le résultat soit atteint, les animaux n'auront aucun caractère de spécialité, ni pour le travail, ni pour l'engraissement. Le découragement saisit bientôt l'éleveur, et l'œuvre reste inachevée, au grand préjudice de l'agriculteur, de l'agriculture et du pays.

Il en est tout autrement, ajoute-t-on, dans l'emploi du croisement. L'éleveur, s'il n'est pas assez riche pour changer son cheptel vivant, achète un taureau de la race qu'il considère comme la mieux appropriée à son dessein. Grâce à ce taureau, il transforme peu à peu tous les animaux de son étable, et, arrivé à ce point, il décide s'il continuera le croisement suivi, ou s'il essayera de faire souche de ses nouveaux élèves. Il est soutenu dans son entreprise par la promptitude des succès et la continuité des bénéfices.

Ce tableau établit, entre les deux méthodes, une comparaison tout à fait superficielle. Il présente la sélection comme exigeant, pour les animaux en voie de transformation, des soins de toute sorte et une alimentation plus coûteuse; il ne dit rien des dépenses de même nature pour les produits de croisement. Il semblerait que ces produits prospéreront dans un milieu quelconque, avec une nourriture quelconque, par la seule vertu d'une alliance avec une race supérieure. Or c'est précisément dans ce cas que les dépenses augmentent, car à l'entretien des animaux croisés s'ajoute l'entretien des reproducteurs de la race avec laquelle on croise; de plus, ces reproducteurs doivent être achetés par l'éleveur, et souvent à des prix très-élevés; l'intérêt du capital engagé grève encore l'opération.

On doit, d'ailleurs, ne pas oublier que les progrès zootechniques sont liés aux progrès de l'agriculture, et que l'amélioration rationnelle des animaux doit marcher en raison des améliorations que reçoivent toutes les conditions et tous les moyens de production. Le croisement, tel que le parallèle précédent l'oppose à la sélection, ne saurait être pratiqué que dans les pays ou sur les domaines arrivés déjà à une période culturale fort avancée. On peut alors, on éliminer la race locale par un croisement suivi, ou se contenter d'obtenir des produits destinés uniquement à la consommation, et avec lesquels il faudrait bien se garder de prétendre faire souche, par les raisons que j'ai précédemment exposées. Mais toutes les contrées, toutes les exploitations ne se trouvent pas, il s'en faut de beaucoup, arrivées à la perfection; toutes y tendent ou y doivent tendre, et le problème à résoudre par chacune d'elles consiste à obtenir des animaux les qualités actuelles en harmonie avec la situation, et formant jalon pour l'avenir. Que viendrait faire ici le croisement? Au point de vue de l'amélioration rien et même du mal; au point de vue des dépenses, il les augmenterait sans profit.

La sélection, au contraire, outre sa valeur propre comme système d'une issue certaine, soutient la marche progressive du bétail, sans exiger aucune avance qui ne soit dans les moyens de l'agriculteur. On prétend que les animaux obtenus durant l'amélioration sélective ne prennent pas de valeur avant la transformation complète de la race. C'est prétendre qu'on peut rencontrer subitement la perfection sans l'avoir progressivement préparée. Mais à chaque génération la sélection communique aux animaux une fraction appréciable de l'amélioration totale. Ces animaux meilleurs se placent donc incontestablement mieux sur le marché, à moins qu'on n'admette que les bouchers, les engraisseurs ou ceux qui achètent pour élever de seconde main ne sachent faire aucune différence entre les qualités des produits qu'on leur propose. Il y a donc bénéfice croissant pour l'améliorateur, comme il y a valeur croissante de sa race.

On reproche à la sélection de laisser les animaux sans caractère de spécialité durant tout le temps de l'amélioration. Loin d'être un inconvénient, c'est là un avantage du système. Si la spécialisation constitue la perfection, il s'en faut bien, comme je l'ai expliqué déjà, que cette perfection puisse être improvisée; les tentatives faites pour réaliser un tel miracle ruineraient l'éleveur, son agriculture et son bétail. Ni les principes, ni le but ne changent avec les milieux; mais il y a, entre les moyens et les résultats, une harmonie pratique qu'il faut savoir respecter, tout en en tirant parti. La spécialisation serait donc un contre-sens dans un milieu qui ne la comporterait pas; elle serait, en outre, une source de dépenses sans raison et sans compensation.

On a mis aussi en cause les intérêts généraux du pays, et on les a trouvés compromis, comme ceux des éleveurs, par la lenteur et les prétendues dépenses improductives de la sélection. Une seule observation suffira, après celles qui précèdent, pour montrer combien cette assertion porte à faux. C'est en vain qu'on chercherait dans l'histoire de toutes nos espèces domestiques des races formées par le croisement *diffus*, et la race anglaise de course, seule, est sortie du croisement *suivi*, tandis que toutes les races d'élite sont nées de la sélection. Les éleveurs et l'Angleterre n'ont pas perdu, que je sache, à la création des Durham, des Hereford, des Devon, des Angus, des Dishley, des South-Down; les éleveurs et l'Allemagne n'ont pas eu lieu de regretter celle des moutons électoraux. Ces races ont donné, donnent et donneront, dans toutes les conditions où elles ont logiquement leur place, des bénéfices certains. On n'engage donc pas l'agriculture dans une pratique ruineuse, et l'on ne menace ni les intérêts du pays, ni ceux de l'avenir, quand on pousse la zootechnie dans une voie au bout de laquelle se peuvent trouver des races de la valeur de celles que je viens de citer.

C'est par une réponse analogue qu'il faut réfuter ceux qui trouvent un argument en faveur du croisement dans ce fait que les animaux croisés se vendent bien, même comme reproducteurs. Si l'agriculteur, comme toutes les autres industries, a pour but la création de produits qui l'enrichissent, il ne s'ensuit pas que tout ce qu'elle place avec profit soit, par cela seul, supérieur et excellent. Pour les animaux croisés il y a, le plus ordinairement, comme je l'ai déjà tant de fois répété, erreur sur la qualité de la chose vendue. Considérés comme *produits*, qu'on destine à être utilisés dans un emploi déterminé, ils peuvent être bons, de quelque manière qu'ils aient été obtenus. Considérés comme *reproducteurs*, ils illusionnent ceux qui en attendent une transmission certaine des caractères qui les séduisent. De ce que de tels animaux s'achètent, on ne peut donc pas conclure à leur valeur. Les bénéfices que peuvent faire certains éleveurs dans les premiers temps de la spéculation ne résultent que de l'inexpérience des acheteurs. La conséquence fatale d'opérations de cette nature n'en reste pas moins la ruine certaine de la race dans un temps donné. C'est un escompte de l'avenir, pour le profit actuel de quelques-uns.

Les concours publics d'animaux commettent la même erreur et la même confusion dans lesquelles tombent souvent les éleveurs; en acceptant et en primant les reproducteurs croisés, ils semblent conseiller l'emploi de reproducteurs incertains: ils jugent ces reproducteurs sur leur bonne mine, sans s'inquiéter de leur valeur réelle, sans se préoccuper de leur origine; contradictoirement à leur but, ils poussent à un mélange d'où il sera plus tard impossible de dégager un élément de progrès. Quand il s'agit d'animaux qui vont entrer dans la consommation, de chevaux de service, par exemple, ou de bêtes de boucherie, il serait illogique d'imposer au concours la même réserve; les meilleurs animaux sont ceux qui s'approchent individuellement davantage du type le plus parfait pour chaque nature d'emploi. Encore faut-il que ces produits aient été obtenus de manière à ne pas laisser, dans la race d'où ils sortent, un trouble préjudiciable à l'amélioration ultérieure de cette race. Les primes accordées à un animal croisé dans les concours de reproducteurs, pas plus que la faveur dont il peut être l'objet dans le commerce, ne sauraient rien ajouter à sa valeur intrinsèque; elles ne peuvent lui communiquer les qualités indispensables à un améliorateur de races.

Outre ces objections générales, d'après lesquelles la sélection serait moins avantageuse que le croisement, on en a soulevé d'autres, qui tendraient à établir que la sélection est en elle-même absolument impuissante pour l'amélioration des races. Ces assertions radicales peuvent être appréciées en quelques mots; on va voir qu'elles n'ont aucun fondement et ont été produites tout à fait en dehors de l'observation des faits.

On a posé, comme une proposition incontestée, que, dans chaque localité, il est un point auquel l'amélioration s'arrête naturellement. Quoi qu'on fasse, on ne pourrait dépasser ce niveau fatal, et, si l'on était tenté de poursuivre l'amélioration au delà, on se trouverait dans la nécessité

d'emprunter au croisement des moyens nouveaux d'action. Les forces qui imposent cette limite formeraient un faisceau puissant, qu'on a baptisé du nom d'*indigénat*.

Il faut remarquer, d'abord, qu'on est porté à exagérer singulièrement l'influence du milieu dans la constitution des races. Je sais bien loin de méconnaître l'action de toutes les circonstances extérieures sur l'économie; elles interviennent très-puissamment dans les phénomènes de nutrition; mais, comme je l'ai dit plus haut, elles ne sont pas les seules causes qui déterminent et règlent le mode d'activité des animaux; elles ne forment qu'une partie de l'ensemble des influences propres à chaque nature de fonctionnement, et que j'ai réunies sous le nom de conditions statiques.

Or, cet indigénat, qu'on prétend opposer comme un obstacle invincible aux progrès de la sélection, n'est pas plus immuable que ne le sont les autres conditions statiques. Ce n'est pas une puissance abstraite, c'est une puissance qui se délimit, se mesure, se change, et aux effets de laquelle on peut aisément se soustraire. Sans doute, si la sélection était entreprise avec la prétention de modifier une race sans modifier en rien ses conditions de production, elle rencontrerait bien vite une limite à son action, ou plutôt elle ne pourrait même être commencée. Mais par des progrès dans la culture, par des perfectionnements dans le mode d'élevage, dans les procédés d'éducation physiologique, dans le régime, dans l'habitation des animaux, on triomphe successivement de toutes les causes qui formaient d'abord opposition; et c'est là, en définitive, le propre de la méthode d'amélioration des races en elles-mêmes.

La sélection peut donc conduire ses opérations jusqu'au terme qu'elle s'est proposé d'atteindre, parce que le milieu même où elle agit subit des modifications en harmonie avec ses besoins. Que si l'on suppose un milieu dont la transformation ne soit possible que jusqu'à un certain degré, le perfectionnement de la race ne sera lui-même praticable que dans une mesure correspondante. On affirme que le croisement pourrait alors achever ce que la sélection aurait ébauché; mais que viendrait faire le croisement dans des conditions qui, par hypothèse, ne pourraient être portées à un état plus avancé d'amélioration? En admettant qu'il complète tout d'abord la race, les animaux obtenus auraient des aptitudes et des exigences en disproportion avec le milieu invariable. Comment ces besoins nouveaux seraient-ils satisfaits? Comment ce qui est insuffisant pour les animaux produits par sélection deviendrait-il suffisant pour des animaux nés du croisement? Est-ce que le croisement aurait cette puissance singulière de réagir sur les conditions de cet indigénat, qu'on présente cependant comme restant en dehors de toute atteinte? Il faut donc le reconnaître : tout ce qui serait ici limite et obstacle pour la sélection, le serait au même titre pour le croisement.

D'ailleurs, les faits relatifs à la répartition des races, à leurs migrations, prouvent que toutes les races à peu près peuvent s'entretenir et prospérer partout, en exceptant les points extrêmes. Ainsi les races bovines hollandaise, Schwytz, Durham ont été portées dans les pays les plus divers et y ont conservé leurs qualités distinctives, quand on les a entourées des soins appropriés à leur nature. Il en a été de même pour les moutons mérinos, pour les races chevalines arabe et anglaise. Chaque pays n'a donc pas reçu, à l'origine, toutes les races qu'il peut nourrir et conserver. Spontanément aucun pays ne produit toutes les races qu'il est susceptible de posséder.

Ainsi il s'en faut bien que l'indigénat oppose une résistance invincible, soit à l'introduction d'une race étrangère, soit à l'amélioration d'une race locale par elle-même, en un mot, aux modifications que doivent subir toutes les conditions statiques en vue d'un élevage nouveau. La race ovine South-Down ne s'est-elle pas formée par sélection dans un milieu naturellement peu favorable, à mesure que ce milieu s'est amendé? N'en a-t-il pas été de même pour la race bovine d'Angus, dans une des rudes parties de l'Écosse, où l'agriculture a, cependant, réalisé tous ses perfectionnements? Si les limites dont on menace la marche ascendante de la sélection sont celles où se sont arrêtées la race Angus ou la race South-Down, nous passerons facilement condamnation.

Après avoir essayé contre la sélection des arguments tirés de la prétendue impossibilité de lutter contre l'indigénat, on a nié qu'elle soit capable de transformer les races en leur communiquant la précocité du développement, l'aptitude à s'engraisser, la faculté laitière, en modifiant leurs couleurs ou leur conformation. On lui a refusé, en un mot, toute espèce d'action sur les caractères dont l'amélioration progressive peut conduire jusqu'à la perfection des types.

Pour la précocité, l'objection est sans force. La précocité résulte, comme je l'ai déjà indiqué, d'une combinaison de conditions statiques auxquelles on soumet l'animal dès sa naissance, et qui engagent son développement dans une voie particulière, où il prend plus rapidement son développement, et où il acquiert une grande tendance à un facile engraissement. La transformation est plus difficile avec telle race qu'avec telle autre; mais c'est là seulement une affaire de temps, si l'amélioration des méthodes d'élevage, d'éducation physiologique, de traitement général de la race, marche de pair avec l'amélioration de la culture. C'est par voie de sélection qu'ont été obtenues toutes les races les plus remarquables par leur précocité; les longues cornes de Bakewell, les Durham, les Hereford, les Devon, les Angus, les moutons Dishley, South-Down et autres.

Ces exemples prouvent aussi que l'aptitude à l'engraissement peut être le fruit de la sélection. Ne savons-nous pas, d'ailleurs, qu'il se rencontre, dans les races même les plus résistantes au travail, des individus moins propres que d'autres à supporter la fatigue, plus tendres, plus disposés à faire de la graisse que de la force. Ces animaux, placés sous l'influence de toutes les causes qui favorisent leurs tendances naturelles, acquièrent bientôt une faculté d'engraissement plus développée; ils servent de pères à des générations auxquelles ils transmettent leurs qualités acquises, et qui, entourées de soins appropriés, arrivent à la perfection spéciale, terme des efforts de la sélection.

Le lait ne s'acquit par d'influence ... l'aptitude laitière. — L'aptitude à donner une quantité notable de lait serait aussi, d'après certaines opinions, impossible à acquérir par les procédés de la sélection; cette aptitude serait l'apanage de quelques familles distinctes, et elle se transmettrait de la mère à ses fils, du père à ses filles. Or, comme une mère non laitière ne saurait produire un fils laitier, ce fils ne pourrait à son tour donner des filles laitières; la sélection se trouverait enfermée dans un cercle vicieux.

Je répéterai ce que je viens de dire à propos de l'engraissement, ce que je pourrais dire à propos de toutes les qualités qu'il est désirable d'obtenir. Dans toutes les races il y a des individus qui font, à des degrés divers, exception à l'ensemble du groupe. Nous avions, à l'Institut agronomique de Versailles, des vaches limousines dont l'aptitude au lait s'était sensiblement développée. On a cité dans la race si robuste de la Gascogne, dont les vaches sont employées au travail, des femelles plus laitières que d'autres. Weckherlin, en rendant compte des expériences faites sur les domaines du roi de Wurtemberg, rapporte que la faculté laitière s'était notablement accrue chez certaines vaches de la race hongroise, race aussi peu laitière qu'on le puisse imaginer. Tandis que plusieurs des vaches hongroises ont à peine nourri leurs veaux, d'autres ont fourni un rendement en lait quelque temps encore après le sevrage. Ce résultat était dû aux soins convenables dont la race avait été l'objet, et à l'influence de la mulsion à laquelle on avait soumis les femelles. Dans leur pays d'origine jamais elles ne sont traites, et elles ne sont en aucune manière façonnées à la production du lait.

Pour développer et fixer ces qualités rudimentaires, il suffit de prendre pour taureaux les fils de ces vaches, chez lesquelles la tendance à devenir laitière est la plus accusée. Ils deviendront la souche d'une série de générations dont l'aptitude laitière se prononcera de plus en plus, pourvu, nécessairement, que la race soit placée dans les conditions statiques qui conviennent à la sécrétion du lait.

La sélection ne pourrait changer la couleur des races. — La couleur est encore un des caractères sur lesquels on a prétendu que la sélection n'a pas de prise. À vrai dire il est difficile de savoir pourquoi l'on s'est attaché à refuser à la sélection toute action modificatrice sur la couleur. La nuance de la robe est, en elle-même, sans importance, et l'amélioration d'une race n'implique en aucune manière la nécessité de changer cette nuance. Mais enfin le croisement est-il seul capable de modifier la couleur chez les animaux?

Dans les Indes orientales, le buffle et l'arni sont soumis à la domesticité, et, sans croisement aucun, il y en a de blancs et de noirs, formant contraste, non-seulement par leur couleur, mais aussi par leurs caractères et leurs tendances. Le même fait se produit pour les zébus et pour les yacks, qui sont noirs, blancs, gris, bigarrés. Je cite ces exemples parce qu'ils nous sont offerts par des espèces voisines de notre bœuf domestique; j'en trouverais mille autres semblables dans le monde zoologique.

Quant à notre bœuf domestique lui-même, il présente des particularités absolument identiques. L'ancienne race des forêts d'Angleterre, conservée dans les parcs de l'aristocratie, était généralement blanche, avec le mufle, le bout des cornes et les extrémités des membres de couleur noire. Cette race donne quelquefois des veaux bigarrés, souvent des veaux tout à fait noirs, comme cela a été constaté en particulier pour le troupeau du parc de Chartley. Dans le pays de Galles elle était blanche avec les oreilles rouges, et il apparaissait parfois des animaux de couleur rouge au milieu des groupes blancs.

Tous ceux qui ont vu le bétail des parcs de l'Angleterre et qui ont été témoins de ses transformations de couleur affirment que la race de Devon, qui est rouge, que la race de Pembroke, qui est noire, que la race West-Highland, qui est noire, blanche, brune, fauve, blaireau, brun rouge, et de couleurs mêlées, sont primitivement identiques à la race blanche, des forêts, et dérivent de cette race.

D'autre part, nous savons que les animaux domestiques, quand ils passent à l'état indépendant, finissent par prendre une couleur uniforme, comme le prouvent les faits relatifs aux chevaux et au bétail libres de l'Amérique du Sud. Ce résultat s'explique facilement par l'identité et la permanence des influences que subissent les animaux, et par l'action continue des étalons les plus vigoureux, qui imposent leurs caractères à la troupe. Or ces moyens ne sont autres, en réalité, que ceux dont dispose l'éleveur qui veut améliorer les races par sélection.

Comment naissent et se maintiennent les mêmes couleurs dans les races domestiques qui se distinguent par la constance de teinte de leur robe? Par le choix d'animaux qui offrent la couleur qu'il s'agit de généraliser; par l'exclusion rigoureuse de tous les reproducteurs qui présentent les plus légères déviations; par l'épuration persévérante de génération en génération. Et cependant, malgré tous ces soins, et bien que la couleur soit le caractère le plus saisissable, le plus facile à défendre, des altérations se manifestent souvent, même dans les races les mieux surveillées. C'est ainsi que, dans la race anglaise du Nord-Devon, dont la robe est rouge vif, apparaissent quelquefois des individus qui ont une tendance à prendre des taches blanches sur la face et sur le corps; on les éloigne de la reproduction, et la robe de la race conserve ainsi sa pureté et sa brillante teinte. Mais dans le Sud-Devon, où l'élevage est moins scrupuleux, le blanc se montre fréquemment sur le corps et aux extrémités. Le même fait se produit chez nous pour la race de Salers, dont la robe est analogue à la robe du Devon : le blanc se rencontre parfois,

mais il est repoussé par les éleveurs de l'Auvergne, comme par les éleveurs anglais, et la race de Salers garde et perpétue sa couleur caractéristique. Il en est tout à fait de même pour la race rouge d'Allemagne.

Au lieu d'écarter de la reproduction les individus qui montrent ces accidents, supposons qu'on les choisisse, au contraire, comme reproducteurs, n'est-il pas évident qu'on arrivera, sans croisement, à modifier, à transformer la couleur? Des faits de cette nature se sont passés sous nos yeux. A une certaine époque, on a recherché, en Normandie, les animaux de robe *caille* : les animaux de robe *caille* ont été bientôt très-nombreux. Depuis quelque temps on estime plus généralement les animaux *bruns bringés* : la robe *brune bringée* domine. La race de Durham portait d'abord une robe pie-rouge, ou toute blanche, ou tout entière rouge; le rouge offrait des teintes nombreuses, qui arrivaient presque jusqu'au jaune. On trouve encore dans cette race des spécimens de toutes ces robes; mais aujourd'hui c'est le *rouan* qu'on préfère, et cette disposition particulière des tons rouges et blancs est la plus répandue.

Parmi les races dont on a considéré la robe comme ne pouvant être modifiée par la sélection, on a spécialement désigné la race de Schwytz, et l'on a porté une sorte de défi à tous les éleveurs du monde de changer, sans croisement, la couleur caractéristique de cette race. L'expérience n'est pas à faire; elle est faite. Le pelage de la race de Schwytz est d'un brun foncé; tout le long de la face dorsale du corps règne une bande qui s'élargit plus ou moins et qui est d'une teinte jaune d'ocre pâle; la face interne des membres, l'auréole autour du mufle et les longs poils de l'intérieur de l'oreille sont de cette même teinte. Il n'est pas rare que toutes les parties jaunâtres prennent plus de surface, que l'aire de la face supérieure du corps envahisse les côtes et les flancs, qu'elle supprime la couleur brune ordinaire; on obtient alors des variétés nombreuses, dont quelques-unes offrent des robes tout entières d'un gris plus ou moins brunâtre, plus ou moins jaunâtre, et même presque tout à fait blanches.

Il est évident que la sélection peut aider, à son gré, telle tendance de préférence à telle autre, ou s'opposer à toute espèce d'altération de la couleur. C'est par sélection que s'est formée la race à ceinture d'Appenzell, comme aussi se sont produites les races à ceinture de Sommerset et de Hollande.

Tout en revendiquant, pour la sélection, la possibilité de changer la couleur, je ne prétends pas qu'elle pourrait faire passer la robe d'une race par toutes les nuances, suivant son caprice. Les modifications de teintes sont soumises à des lois qui ne sont pas encore toutes connues, dont il ne saurait d'ailleurs être question ici, mais qui limitent l'action de l'éleveur, bien qu'elles lui laissent encore une grande latitude. Au reste, je ne me suis arrêté sur la question de couleur que pour ne laisser sans quelques mots d'éclaircissement aucun des doutes soulevés contre la sélection; car, en définitive, il n'est pas le moins du monde besoin de changer la robe d'une race pour l'améliorer. Nous possédons, pour chacun des services que nous rendent les espèces domestiques, des races excellentes de pelages variés.

Enfin, une dernière faculté a été contestée à la sélection : c'est celle de pouvoir modifier la conformation d'une race jusqu'à la rendre semblable à celle du type le plus perfectionné. Une pareille objection tombe devant ce seul fait, que les races supérieures doivent leur naissance aux procédés de l'amélioration sélective. Mais les lois physiologiques ajoutent aussi leur autorité à celle de l'expérience, pour établir la même conclusion.

La conformation spéciale à tel ou tel type n'est pas une réunion de caractères combinés par un simple hasard et répondant par bonheur aux exigences des services que nous demandons aux animaux. Comme je l'ai sommairement indiqué, en traçant la caractéristique des grands types de l'espèce bovine, la conformation n'est autre chose que la résultante d'un ensemble de forces agissant sur l'ensemble de la machine animale et concourant toutes à un même but. Pour obtenir cette unité d'action, il suffit de placer l'animal sous l'influence de conditions statiques appropriées, et bientôt l'organisation reflète par ses formes les modifications qu'elle reçoit dans son fonctionnement. La sélection est éminemment propre à amener cette solution, et elle y est seule propre: car le croisement, s'il est *diffus*, est incapable de rien fixer; s'il est *suivi*, il substitue simplement une race à une autre, la race qui survit ayant elle-même forcément reçu de la sélection sa conformation avec ses aptitudes.

On a souvent, à propos des questions qui nous occupent, fait des excursions dans l'histoire des races humaines. Les partisans exclusifs du croisement ont cherché des arguments à l'appui de leur thèse dans la constance de certains types en Europe; ils ont fait remarquer que les causes multiples qui en auraient dû effacer ou modifier les traits, le temps, le climat, la nourriture, la civilisation, les ont respectés. Ils en ont conclu que toutes les influences que nous pouvons faire ou laisser agir ne sauraient changer les formes de ces races, et que le croisement seul aurait assez de puissance pour opérer une modification.

Il y a ici confusion et fausse interprétation des faits. S'il existe un phénomène ethnologique important, c'est de voir que, malgré les courants mongols, finnois, caucasiques, aryens, mêlés au grand. . . . des peuples européens, les races fixes et constantes ont eu une telle puissance d'atavisme, une telle force de conservation et d'élimination de ce qui n'était pas elles, que les éléments étrangers ont disparu absorbés. Le temps, les invasions, la grande bâtardise du moyen âge n'ont pu enlever aux nations germanique, scandinave, slave, celtique, grecque et autres, leurs caractères physiques distinctifs, ni même leurs traits moraux. Ces résultats ne sont pas de nature à justifier l'opinion que les croisements peuvent seuls changer les formes; ils témoignent, au contraire, de l'impuissance des croisements contre la persistance des types.

On a cité aussi la nation juive, qui a gardé, à travers les vicissitudes les plus nombreuses et les plus étranges, un type que les différences de milieu n'ont point altéré. Ici, c'est grâce à une sélection continue que le type est demeuré intact, et ce fait, ajouté à celui de l'incapacité du croisement pour vaincre la résistance des races, est loin de paraître contraire à la puissance des moyens mis en jeu pour l'amélioration des races en elles-mêmes.

Dans ces deux séries d'exemples il s'agit de la physionomie distinctive, des formes ethnologiques, et, pour ainsi dire, spécifiques des races, c'est-à-dire des caractères qui sont, par essence, immuables. Cette nature de formes n'intéresse l'économie du bétail que pour la partie descriptive. Mais il y a une autre sorte de formes, les seules dont se préoccupe l'art d'améliorer les races domestiques, celles sur lesquelles l'éleveur a prise, celles, en un mot, qui se produisent sous l'influence des conditions statiques propres à chaque genre de service, et qu'on pourrait appeler les formes physiologiques ou zootechniques. Cette seconde espèce de formes existe tout aussi bien pour l'homme que pour les animaux domestiques; les lois générales qui président à leur manifestation sont les mêmes pour tous, et s'il y avait quelque intérêt à tirer de l'espèce humaine des conformations analogues à celles que la zootechnie recherche pour la précocité, pour l'aptitude à l'engraissement, pour la force, il n'est pas douteux qu'on ne les obtînt.

Quand, donc, on prend le peuple juif, par exemple, comme une preuve de l'impossibilité où se trouve la sélection de modifier les races; quand on montre ce peuple conservant ses traits essentiels sous les influences extérieures les plus diverses, on confond les deux sortes de formes que je viens de distinguer. L'objection qu'on élève peut s'appliquer aux formes ethnologiques; elle n'a aucune valeur pour les formes physiologiques. N'est-il pas évident que, sans rien sacrifier des caractères spécifiques de race, on peut changer les dispositions fonctionnelles, et,

par suite, la conformation générale? En combinant convenablement les influences modificatrices, ne créerait-on pas, au sein de la nation juive, des tribus remarquables, soit par leur tendance à prendre de l'embonpoint, soit par leur énergie, soit par toute autre qualité, bien que le type juif lui-même restât toujours parfaitement reconnaissable? En fait il se produit des phénomènes de cet ordre, résultant des différences dans la condition sociale, dans la manière dont l'éducation physiologique a été conduite, dont le développement a été engagé. Ce sont uniquement des modifications de ce genre que poursuit la sélection, et elle réussit complétement dans ses tentatives. La race longues cornes de Bakewell, la race Durham, la race Hereford, la race Devon, la race Angus, ont des formes zootechniques communes, acquises par sélection, et qui les font reconnaître toutes comme appartenant au type des animaux précoces pour la boucherie. Sous cette conformation qui les réunit elles ne gardent pas moins les formes spécifiques qui les distinguent.

Telle est la vertu propre de la sélection: aucun des soupçons imaginés contre elle ne peut tenir en face de l'autorité de la science et des faits. Seule la sélection est capable d'améliorer, de perfectionner, de transformer les races. Le croisement anéantit les races; par absorption s'il est *suivi*, et, s'il est *diffus*, par la substitution d'une population incertaine, sur laquelle on est constamment forcé de revenir avec des reproducteurs du dehors. Dans ce cas, toute base d'opération fait défaut, et il ne reste plus qu'à se tirer d'affaire par des expédients qui pallient le mal sans l'atténuer.

Est-ce à dire que toutes les races doivent être améliorées en elles-mêmes; que le croisement doit être rejeté d'une manière absolue? En aucune façon. L'emploi de tel ou tel procédé est déterminé par l'état de la race et les conditions agricoles de la localité. Là où la race est parfaite il ne peut évidemment être question que de la conserver avec le plus grand soin. Là où elle est médiocre, mais où elle possède des germes d'amélioration qui se pourront développer, concurremment avec la culture, la sélection a naturellement sa place ; là où elle est nulle ou décidément mauvaise, et où les progrès agricoles s'accomplissent avec une telle rapidité qu'il est impossible à la race de les suivre, le croisement *suivi* est appelé à substituer une race supérieure à la race locale ; la condition du succès est alors de persévérer dans l'emploi des mâles de la race absorbante, jusqu'à ce que le but soit décidément atteint.

À côté du grand parti pris applicable à l'ensemble d'une race, une place peut encore être très-utilement occupée par une opération qui consisterait à obtenir, avec les femelles de cette race et les mâles d'une race plus parfaite, des animaux de croisement destinés à être utilisés comme *produits*, mais ne devant jamais être employés comme *reproducteurs*. Les lois seraient ainsi respectées, les besoins les plus divers et les plus pressés seraient satisfaits, sans que les ressources de l'avenir fussent engagées ou compromises. Ainsi pourraient trouver à vivre, juxtaposées, des industries qui s'aideraient et se compléteraient l'une l'autre. Ainsi la pratique pourrait fonctionner sur le terrain suivant les principes qui découlent des faits.

Tel est, à mes yeux, le système complet qui embrasse l'organisation tout entière de la production animale.

Pour rendre cette idée plus saisissable, j'en montrerai brièvement l'application par quelques exemples. Admettons que la race bovine mancelle, inférieure sous tous les rapports et n'offrant pas de point de départ pour une amélioration sélective, soit incapable de marcher vers la perfection aussi vite que l'agriculture de son milieu. Le parti à prendre, celui qu'un très-grand nombre d'éleveurs semblent avoir pris, c'est de la croiser jusqu'à l'absorber d'une manière complète dans la race qui paraît le mieux répondre aux besoins commerciaux de la région. Cette race est la

race de Durham. Pendant que cette opération fondamentale s'accomplira, ne voit-on pas que les éleveurs pourront déjà, et pourront jusqu'à l'entier accomplissement de leur race, écouler, comme produits supérieurs aux animaux de la race locale, les mâles et les femelles éloignés de la reproduction? Par la nature même du problème à résoudre, et à supposer qu'il ne soit pas avantageux de faire disparaître la race tout entière dans le croisement anglais, ne voit-on pas encore qu'à côté des éleveurs menant l'opération à bonne fin pourront s'en placer d'autres qui établiront plus tard leur spéculation exclusive sur la création de ces produits de croisement?

Des considérations du même ordre s'appliqueraient à la race bovine charolaise. Les améliorations agricoles et une entente plus intelligente de l'économie du bétail ont déjà permis à certains producteurs d'élever cette race de plusieurs degrés sur l'échelle de la perfection. Mais je suppose qu'auprès de ces éleveurs, procédant par sélection, il s'en rencontre d'autres qui sachent se ménager des ressources suffisantes pour bien nourrir, et qui soient favorablement placés pour se livrer spécialement à la production des animaux de boucherie : ou bien leurs terres seront assez fertiles pour qu'ils trouvent leur compte à élever les races pures les plus perfectionnées, la race de Durham entre autres; ou bien ils préféreront demander à leurs voisins, qui améliorent la race charolaise, des femelles de cette race pour en obtenir, avec le taureau Durham, des produits de croisement qui payeront bien les fourrages consommés. Quel que soit celui de ces trois partis auquel s'arrêtent les cultivateurs charolais, amélioration de la race par sélection, élevage des races perfectionnées, ou création de produits de croisement, il est incontestable que chaque entreprise réalise par elle-même un progrès, qu'elle sollicite et entretient le progrès des industries collatérales dans la meilleure voie, dans une voie déterminée et spéciale.

En étudiant les races de l'Angleterre, nous verrons que toute la production animale est établie sur ces bases chez nos voisins. Suivant les conditions locales de l'agriculture et l'enfourragement des exploitations, on tient pure telle ou telle race améliorée ou en voie d'amélioration, ou bien on se livre à la production d'animaux de croisement entre les races du pays et les races parfaites. Là, comme en France, quelques éleveurs ont d'abord songé à croiser, à métisser leurs races avec les souches les plus distinguées; mais bientôt on s'est heureusement arrêté dans cette voie. Ainsi l'on a bien vite renoncé à tirer plusieurs générations successives de croisements entre les Durham et les West-Highland, parce que les produits étaient inférieurs à la fois au bétail de la plaine et au bétail de la montagne; mais on poursuit l'opération lucrative qui consiste à former, entre les deux mêmes races, des produits de premier croisement, qui se placent avantageusement pour la boucherie. Ce qui a eu lieu pour la race West-Highland est arrivé pour la race écossaise d'Angus, pour la race irlandaise du Kerry, et pour beaucoup d'autres. Je donnerai, à propos des Iles Britanniques, des preuves qui montrent que la distinction entre les animaux *produits* et les animaux *reproducteurs* y est parfaitement reconnue et observée.

Dans ces vues sur l'organisation de la production animale se trouvent résumées et coordonnées les notions que j'ai présentées, dans cette Introduction, sur la nature propre et le rôle de la sélection et du croisement, sur le but de la perfection en économie du bétail, c'est-à-dire, sur la spécialisation et sur l'ensemble des caractères qui forment, pour chaque sorte de service, le type le plus accompli. Les considérations sur lesquelles je me suis appuyé ne sont pas toutes celles qui se pourraient invoquer sur ces questions complexes; mais je les ai crues suffisantes, autant que nécessaires, pour guider dans l'histoire des races, ramener les faits à l'unité d'une doctrine, vérifier la théorie de l'application par l'appréciation des procédés, des succès et des revers du passé. L'enseignement et le contrôle vont résulter de l'étude individuelle de chaque race et de chaque pays.

La partie descriptive de cet ouvrage exigeait des figures qui permissent au lecteur de se faire une idée des diverses races et de les comparer entre elles. Un atlas de quatre-vingt-sept planches accompagne le texte. Toutes les races dont il est traité n'y sont pas représentées; c'est seulement parmi celles qui ont figuré à Paris, au concours universel de 1856, que j'ai pris mes modèles. Je n'ai voulu montrer que les animaux que j'avais moi-même étudiés et mesurés. Atlas des figures de l'ouvrage.

Pour obtenir des figures aussi fidèles que possible, j'ai fait reproduire les animaux par la photographie, sous différents aspects. Ce travail a été exécuté par M. Tournachon jeune; il a été accompli avec une habileté qu'il est juste de reconnaître en rappelant son nom sur la gravure. Cependant d'habiles artistes ont gardé, par des croquis et des pochades, des souvenirs qui devaient leur permettre de compléter et d'interpréter les données fournies par la photographie sur les animaux qu'ils auraient à dessiner. Tous ces matériaux ont été recueillis en quatre jours.

Afin de donner immédiatement une idée des dimensions des diverses races, et d'en rendre le rapprochement plus aisé, j'ai ramené moi-même toutes les images photographiques à une même échelle, à l'aide des procédés de la photographie. J'ai cru qu'on saisirait mieux ainsi les différences entre les tailles et les rapports entre les parties, en même temps qu'on serait exempté de la nécessité d'employer les instruments de mesurage pour déterminer les proportions. Outre l'avantage d'une exactitude rigoureuse, je trouvais aussi celui de fournir au dessinateur un calque qui l'empêchât de s'écarter trop des renseignements bruts de la photographie, sans gêner cependant ses allures.

L'échelle à laquelle ont été réduites toutes les figures est de 75 millimètres pour 1 mètre.

Avant tout, j'ai désiré que les dessinateurs respectassent scrupuleusement les formes et le caractère de chaque individu; je n'ai rien corrigé de ce qu'on auroit pu considérer comme défectueux, pour arriver à un spécimen plus parfait, qui donnât de la race une plus haute idée, ou, du moins, une idée plus conforme à l'idéal qu'on en aurait pu concevoir. J'ai voulu éviter de tomber, de rectification en rectification, dans ces peintures de fantaisie qui arrivent jusqu'à l'impossible. Peut-être les modèles pour chaque race auraient-ils pu être plus parfaits; je m'en suis tenu, pour le dessin, à ce que j'avais sous les yeux, me réservant de dire en quoi les animaux qui ont posé pouvaient laisser quelque chose à désirer, et jusqu'à quel point ils représentaient bien leur race. J'ai essayé, en un mot, d'obtenir des portraits fidèles, où l'on retrouvât l'individu d'abord, puis la race sous l'individu.

Les artistes, qui ont bien voulu accepter ces vues, ont produit des dessins où se révélait toute l'habileté de leur crayon, et un sentiment profond de la vérité spéciale qu'il s'agissait de traduire. Quand j'aurai nommé, avec Mademoiselle Rosa Bonheur, MM. Burya, Troyon, Van Marcke, Mélin, Isidore Bonheur et Villalail, on avouera que je ne pouvais ambitionner le concours de talents plus éprouvés et même plus illustres.

C'est à la gravure que je demandai la reproduction des beaux dessins que je réunis. J'avais à cœur de conserver fidèlement toutes les indications du crayon des artistes, et même de donner une idée aussi rapprochée que possible de leur faire. Je songeai à utiliser l'héliographie pour obtenir cette fidélité du fac-simile. Par malheur l'héliographie n'est pas assez avancée aujourd'hui pour donner une empreinte suivie et régulière du dessin sur l'acier, de façon à ce qu'il n'y ait plus qu'à faire mordre l'acide. Telle qu'elle est, elle a, cependant, donné des résultats précieux entre les mains de M. Riffaut, qui n'en exigeait pas plus que ce qu'elle peut rendre, mais utilisait tout ce qu'elle offre de ressources, et complétait, par une combinaison intelligente des différents genres de gravure, ce que l'héliographie laissait d'imparfait. M. Riffaut était, d'ailleurs, un habile graveur à la manière du crayon, et a produit, suivant ce procédé, des séries de planches remarquables. Il voulut bien entreprendre la gravure des dessins de cet ouvrage, il y réussit. Mais la maladie vint suspendre son travail, et la mort l'enleva sans qu'il l'eût terminé. Cinquante-six planches ont été achevées par lui; les autres ont été traitées par des graveurs, qui se sont tenus le plus possible dans les mêmes voies, et ont atténué, chacun de son côté, le disparate qui pouvait résulter de l'emploi de moyens divers.

On regrettera peut-être que les figures ne donnent pas la couleur des robes. C'est là, en effet, un renseignement complémentaire qui n'eût pas été sans intérêt; mais j'ai fait, pour l'obtenir, des essais qui n'ont pas été satisfaisants. La lithochromie ne m'a donné que des tons lourds, opaques, et d'une exactitude toujours douteuse. Le coloriage restait assez loin d'une vérité suffisante, et surtout masquait toutes les finesses du crayon; ses retouches et ses gouaches donnaient un air d'images à des dessins d'une certaine valeur artistique. Une peinture seule eût été capable de rendre les effets cherchés, de respecter les formes en traduisant fidèlement le ton de la robe; mais, d'abord, la difficulté consistait à trouver des mains assez habiles dans ce genre, puis il eût été très-lent et très-dispendieux de soumettre à un pareil travail un nombre considérable d'exemplaires. J'ai donc cru devoir m'en tenir purement et simplement à une reproduction des dessins par la gravure, il me semblait qu'ainsi se trouvaient à la fois satisfaites les exigences d'une description précise et celles du goût. D'ailleurs, rien n'est plus facile que de donner, par la parole, une idée de la couleur d'une race; il suffit de procéder par comparaison, et de faire connaître quelles sont les races semblables ou analogues par la robe qui se trouvent dans les différents pays.

La distribution géographique des races est une des parties les plus importantes de leur histoire ; c'est aussi une question qui intéresse la zootechnie sous plus d'un rapport. Je me suis attaché à la présenter d'une manière complète, pour la presque totalité de l'Europe. J'ai réuni les renseignements qui pouvaient m'aider à atteindre ce but ; j'ai profité des documents que l'Administration de la Statistique a mis avec empressement à ma disposition ; j'ai utilisé les communications qu'ont bien voulu me faire quelques correspondants ; j'ai recueilli des données dans de nombreux voyages.

Pour rendre facilement saisissable cette répartition des races, j'ai teinté, sur des cartes, l'emplacement occupé par chacune d'elles, en la suivant dans ses migrations. J'ai imité les procédés des cartes géologiques ; mais la nature du sujet m'interdisait de circonscrire, par des lignes nettement arrêtées, l'espace où la race se répand. Sur les limites de leurs domaines, les races se pénètrent, se mêlent quelquefois, et l'on conçoit aisément qu'il soit impossible de figurer tous ces accidents. J'ai tenté, toutefois, de m'approcher d'une expression exacte des faits qui méritent le plus d'être mis en saillie.

Les cartes sont gravées sur acier et tirées à deux couleurs. Elles sont au nombre de cinq. L'impression en rouge indique la géographie physique ; l'impression en noir, la géographie politique. Des teintes plates couvrent la surface où les races ont leur siége. On peut, de cette façon, non-seulement connaître, du premier coup d'œil, l'habitation de chaque race, mais aussi saisir immédiatement les rapports qui peuvent exister entre les races, leurs milieux, la constitution géologique et l'état de l'agriculture de la région où elles vivent. On est aussi renseigné, en partie, sur les relations commerciales qu'amènent les échanges dont les animaux vivants ou leurs produits sont l'objet.

Des cinq cartes que j'ai dressées, l'une figure, pour treize des plus grands centres de consommation de la France, les limites des zones d'approvisionnement en bêtes grasses de l'espèce bovine.

Une autre carte donne la répartition des races sur toute l'étendue de la France. Elle complète la précédente, de même que la précédente la complète pour toutes les indications relatives aux divisions territoriales anciennes et nouvelles, et aux détails de la géographie physique. Ce qui n'a pu trouver place sur l'une, pour éviter la confusion, a été porté sur l'autre.

Une carte est consacrée à l'empire d'Autriche ; une autre, à l'Allemagne du centre et du sud ; la troisième renferme les pays voisins de la mer du Nord : Iles Britanniques, Belgique, Hollande, Danemark, Allemagne du nord.

Ces cartes sont complémentaires les unes des autres. Juxtaposées, elles embrasseraient, sans solution de continuité, une partie considérable de la surface septentrionale, occidentale et centrale de l'Europe. Si quelques petits pays, la Suisse, par exemple, n'ont pas de carte spéciale, ils ont cependant une place sur l'une ou sur l'autre des cartes principales, quelquefois sur plusieurs de celles-ci.

En ajoutant ces cartes au texte, j'ai voulu résumer, sous une forme exacte et simple, l'état actuel de la production animale en ce qui concerne l'espèce bovine. Je serais récompensé de mon travail, sur ce point comme sur les autres, si l'on accueillait avec bienveillance mes efforts pour accomplir convenablement ma tâche.

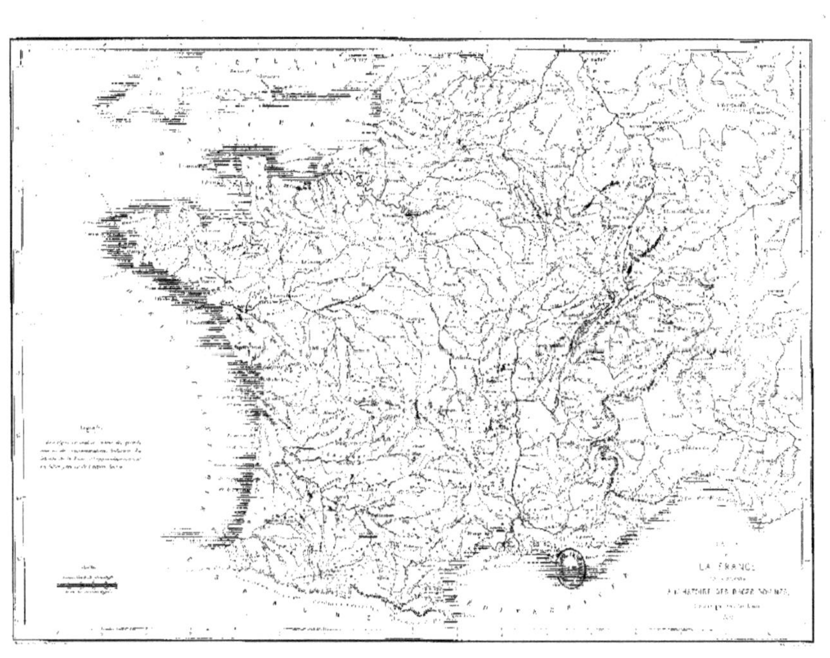
LA FRANCE

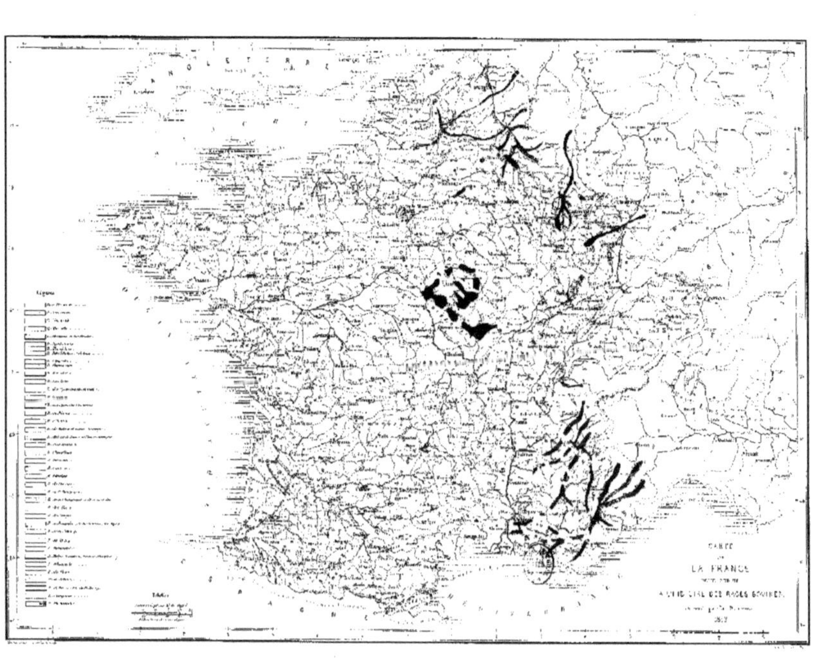
ANGLETERRE
Légende
CARTE
DE
LA FRANCE
A VUL VOL DES RACES BOVINES

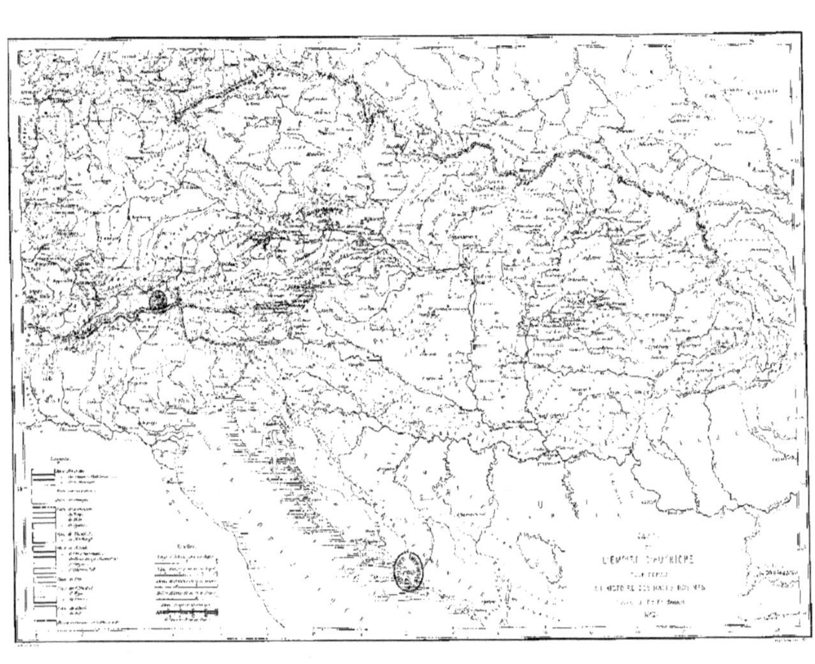

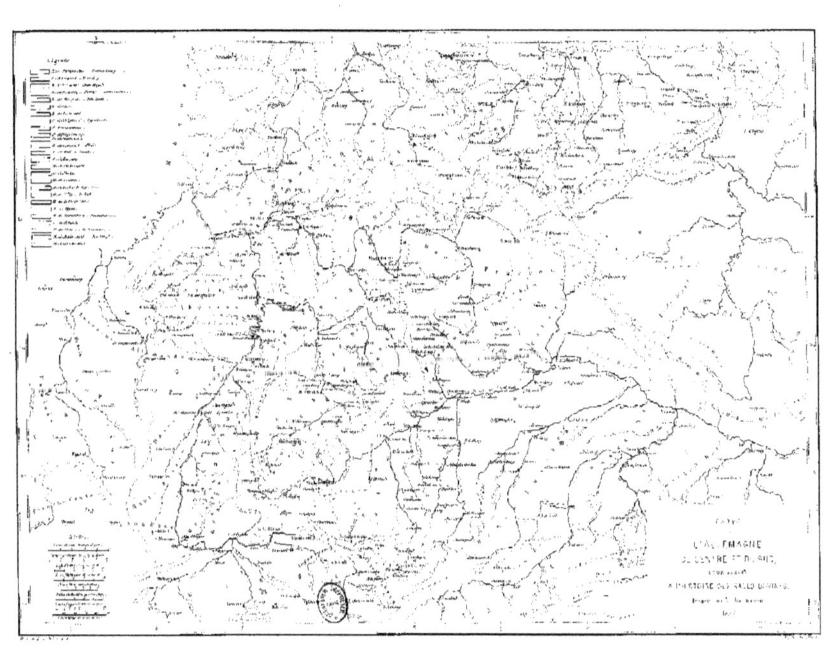

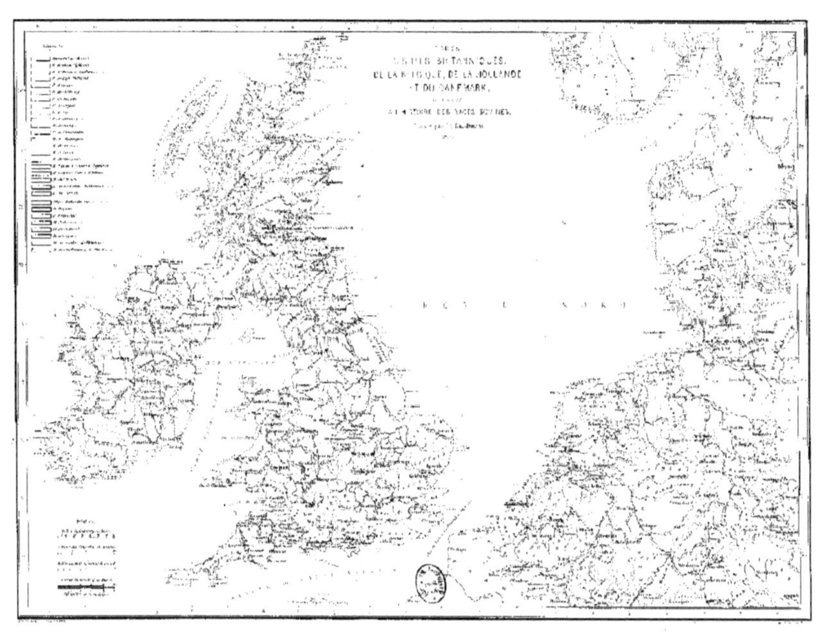

TABLE DES PLANCHES.